CADMOS REITERPRAXIS

Kreative
Bodenarbeit

CADMOS
REITERPRAXIS

Lesen
Lernen
Wissen

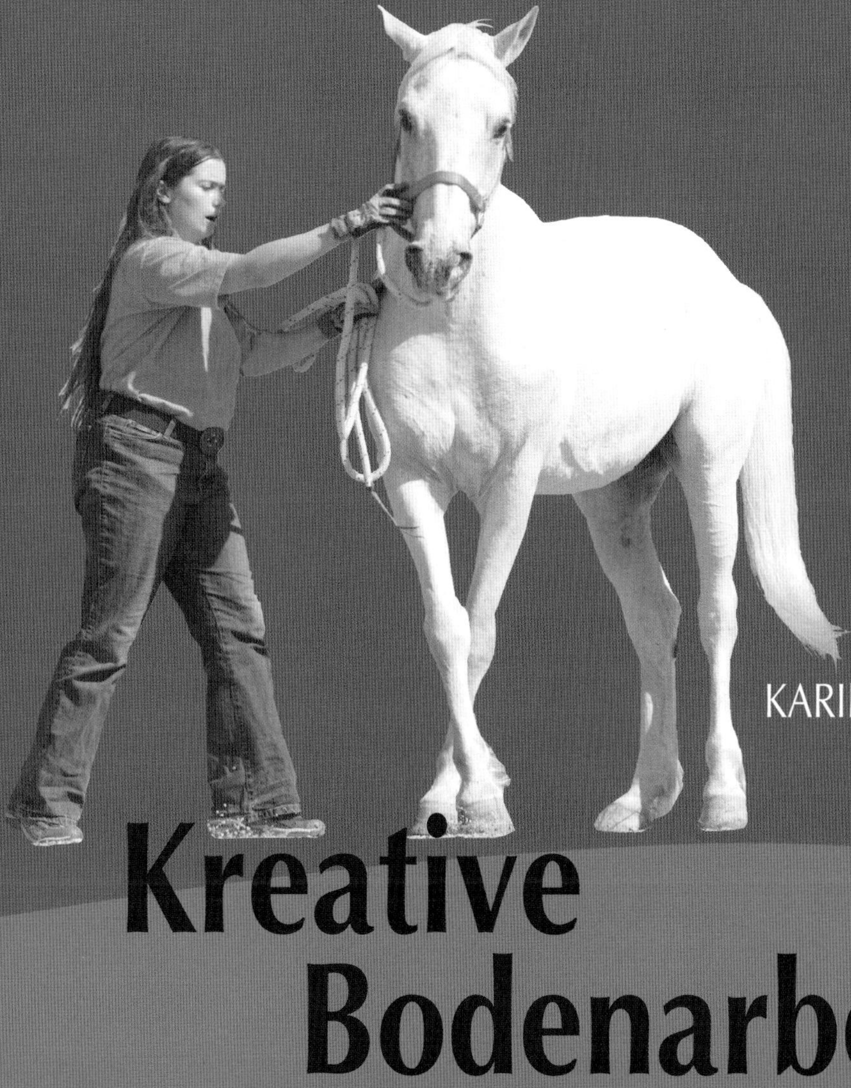

KARIN TILLISCH

Kreative Bodenarbeit

Basistraining und Erziehung an der Hand

Copyright © 2008 by Cadmos Verlag, Schwarzenbek
4. Auflage 2012
Gestaltung: Ravenstein + Partner, Verden
Satz: Grafikdesign Weber, Bremen
Lektorat: Anneke Bosse

Coverfoto: Christiane Slawik
Fotos im Innenteil: Christiane Slawik

Druck: Westermann Druck, Zwickau

Deutsche Nationalbibliothek – CIP-Einheitsaufnahme
Die Deutsche Nationalbibliothek verzeichnet diese Publikation in
der Deutschen Nationalbibliografie; detaillierte bibliografische
Daten sind im Internet über http://dnb.ddb.de abrufbar.

Printed in Germany

ISBN: 978-3-86127-562-6

Haftungsausschluss

Die Autorin, der Verlag und alle anderen an diesem Buch direkt
oder indirekt beteiligten Personen lehnen für Unfälle oder Schä-
den jeder Art, die aus den in diesem Buch dargestellten Übungen
entstehen können, jegliche Haftung ab.
In diesem Buch sind einige Reiter abgebildet, die ohne splitter-
sicheren Kopfschutz reiten. Dies ist nicht zur Nachahmung zu
empfehlen! Achten Sie immer auf die entsprechende Sicherheits-
ausrüstung für sich selbst: feste Schuhe und Handschuhe bei der
Bodenarbeit sowie Reithelm, Reitstiefel/-schuhe, Reithandschuhe
und gegebenenfalls eine Sicherheitsweste beim Reiten.

Inhalt

Neben dem „normalen"
Training unter dem
Sattel sorgt regelmäßige
Bodenarbeit auch bei
Sportpferden für Fitness
und Motivation.

Sinn und Zweck der Bodenarbeit

Bodenarbeit ist „in" wie noch nie zuvor. Spätestens seit den zahlreichen Shows der großen Round-Pen-Gurus entdeckt manch Freizeitreiter auch den Pferdeflüsterer in sich und eifert den großen Idolen nach. Dabei wird aber schnell vergessen, dass die Bodenarbeit eigentlich nur einem Zweck dient: das Pferd auf das Reiten vorzubereiten oder Probleme, die im Sattel entstanden sind, am Boden zu korrigieren.

Bodenarbeit – ein Ersatz fürs Reiten?

Bodenarbeit ist ein idealer Ausgleich für Reitpferde. Wichtig: Es geht wirklich um den Ausgleich, nicht um einen Ersatz. Viele Gurus wollen aber genau das den Freizeitreitern weismachen. In großen Shows mit gezielt eingesetzten Special Effects und teilweise sogar mit Methoden, die direkt die Psyche des Zuschauers beeinflussen, wird den Menschen suggeriert, dass genau diese Bodenarbeitsmethode dieses Gurus alle Probleme löst. Allerdings muss man einigen dieser Gurus auch zugute halten, dass sie durch ihre Arbeit immerhin mehr oder minder zeigen konnten, wie wichtig eine gute Boden-Basisarbeit ist.
Man kann ein Pferd durch gezielte Bodenarbeit natürlich bestens auf das Reiten vorbereiten. Ein gutes Beispiel hierfür ist aber nicht irgendeine „Guru-Methode", sondern schlichtweg das Longieren nach den klassischen Grundsätzen der Reitlehre. Durch das Longieren lernt das Pferd zum einen

schon die Stimmkommandos kennen, die später auch beim Reiten verwendet werden, und kann durch verschiedene Longiermethoden auch seine Muskulatur aufbauen, die es später brauchen wird, um den Reiter zu tragen. Wer also ein junges Pferd dreimal wöchentlich fachgerecht longiert, wird ihm wesentlich mehr körperliche und geistige Stabilität mit auf den Weg geben als der Möchtegern-Pferdeflüsterer, der das junge Pferd nur wild im Round Pen herumscheucht.
Allerdings können weder das Longieren noch die zahlreichen Round-Pen-Methoden das eigentliche Reiten ersetzen. Denn wie gut man seinen Junior auf das Anreiten auch vorbereitet – er wird trotzdem schwanken, wenn das erste Mal ein Reiter auf seinem Rücken sitzt. Er wird erst seine Balance finden müssen und er wird Muskelkater haben, auch wenn der erste „Ritt" keine fünf Minuten dauert.

Was bringt Bodenarbeit?

Obwohl Bodenarbeit das Reiten nicht ersetzen kann, ist sie wie gesagt eine ideale Ergänzung dazu – auch unter dem Aspekt, den Rücken des Pferdes und seine Gelenke durch die Belastung durch Sattel und Reitergewicht zu schonen!
Ein Pferd ist von seiner Anatomie her ebenso wenig zum Reiten geeignet wie der Mensch zum aufrechten Gang! Schlecht passende Sättel, schlechtes Reiten und auch kleinere Gebäudefehler führen dazu, dass

viele unserer Pferde an chronischen Rücken-schmerzen leiden. Sowohl Shadow als auch ich selbst neigen zum Hohlkreuz. Mir ver-passte schon mein Kinderarzt ein umfas-sendes Gymnastikprogramm, bei Shadow sorgte ich selbst dafür, dass seine Rücken-muskulatur durch gezieltes Longieren und Bodenarbeit gestärkt wurde. Und so kann er mich bis heute problemlos tragen und ich ihn auch reiten.

Aber auch auf einem anderen Sektor half mir und Shadow die Bodenarbeit immens – wir konnten damit unsere Angst besiegen! Sha-dow hatte bisher keine allzu rosigen Er-fahrungen mit Menschen gemacht. Auch musste er bei einem seiner leider zahlrei-chen Vorbesitzer einmal schlechte Erfah-rungen unter dem Reiter gemacht haben. Und ich hatte in einer konventionellen Reitschule nach gerade mal einem Jahr – und etwa 20 Stürzen vom Pferd – eine regel-

rechte „Reitphobie" entwickelt. Nicht ge-rade ideale Vorraussetzungen für ein har-monisches Miteinander von Pferd und Mensch!

Die Bodenarbeit half Shadow und mir, diese Ängste abzubauen und Vertrauen zueinander aufzubauen – eine Art Urver-trauen, das ich auch mit in den Sattel neh-men konnte. Hätte ich versucht, diese Pro-bleme immer nur vom Sattel aus zu lösen, wäre mir wohl das Gleiche passiert wie Sha-dows Vorbesitzern und jedem, der ihm auch heute noch zeigen will, „wo der Ham-mer hängt": Irgendwann wäre er gestiegen und hätte sich nach hinten überschlagen lassen, um das zweibeinige Übel ein für alle Mal loszuwerden.

Bodenarbeit schafft Vertrauen. Zum einen fördert sie das Selbstvertrauen des Men-schen, der auf diese Weise relativ gefahrlos sein Pferd kennen und verstehen lernt. Die

Nur wer am Boden Harmonie und Vertrauen geschaffen hat, …

ersten kleinen Erfolge stellen sich schnell ein, was dann bei Pferd und Mensch die Motivation erhöht. Gerade ängstliche Reiter – zu denen ich mich bis heute auch noch zähle – finden durch die Bodenarbeit wieder Vertrauen zum Pferd. Mit beiden Beinen auf dem sicheren Boden und unter fachkundiger, verständnisvoller Anleitung können auf diese Weise Ängste gezielt abgebaut werden.

Für Pferde bietet die Bodenarbeit auch einen nicht zu unterschätzenden Aspekt: Vom Boden aus ist alles logischer! Pferde sind ausgesprochen visuell orientiert, was sich schon in ihrer Kommunikation untereinander zeigt, die zu mehr als 90 Prozent aus reiner Körpersprache besteht.

Sitzt der Mensch auf dem Pferd, kann es ihn nicht sehen, sondern nur spüren und hören. Gefordert sind also genau die beiden Sinne, die in der Sprache des Pferdes

einen sehr kleinen Teil einnehmen. Daher dauert die Ausbildung unter dem Reiter auch um ein Vielfaches länger als die Ausbildung an der Hand.

Ist der Ausbildung unter dem Sattel aber eine umfassende Basisarbeit am Boden vorausgegangen, hat das Pferd schon die Lektionen durch rein visuelle Signale lernen können. Wenn der Mensch es hierbei versteht, seine Körpersprache gezielt einzusetzen und sich dadurch dem Pferd verständlich zu machen, wird das Lernen immens schnell vonstattengehen. Den Übergang zur späteren Arbeit unter dem Sattel bildet dann die Stimme, die von Anfang an mit eingesetzt wird. So wird das Pferd auch später vom Sattel aus am Stimmkommando erkennen können, welche Lektion der Reiter nun mit den Hilfen durch Gewichtsverlagerung und Bein- und Zügelhilfen einleitet.

... wird diese auch auf dem Pferderücken erleben können.

Was, wann und wie lange?

Jedes Zuviel kann Schaden anrichten. Wer zu viel reitet und seinem Pferd keinen Ausgleich zum anstrengenden Reitsport bietet, wird es ebenso kaputt machen wie jener, der „nur" jeden Tag stundenlang mit ihm herumspielt. Ein durchschnittliches Pferd hat eine Konzentrationsspanne von 10 bis 20 Minuten. Nur extrem gut ausgebildete Pferde können sich 30 Minuten und länger am Stück konzentrieren.

Wenn Shadow mal wieder Besuch von einem Fernsehteam erhält oder ein großes Fotoshooting ansteht, kann es auch sein, dass er bis zu fünf Stunden im Einsatz ist. Um dies schadlos zu überstehen, bedurfte es aber vieler Jahre konsequenter Vorbereitung. Und auch er kann höchstens 40 Minuten am Stück „arbeiten", dann folgt eine mindestens 20-minütige Pause. Und nach einem solchen Konzentrationsmarathon hat er dann natürlich erst einmal eine ein- bis zweitägige Weidepause.

Viele Menschen denken leider, dass Bodenarbeit für das Pferd ja nur ein großer Spaß ist und man daher nahezu unbegrenzt üben kann. Ich sah schon Anhänger gewisser Gurus mit ihren Pferden vier oder gar fünf Stunden am Stück die gleiche Lektion üben. Kein Lob, keine Pause. Erst als das Pferd die Lektion dann irgendwann gut machte, gab es eine kurze Pause, ehe dann mit der nächsten Lektion begonnen wurde. Auf diese Weise bekommen diese Leute ihre Pferde zwar irgendwann auch „show-fit", da ihre Pferde einfach nur alles schnell hinter sich haben wollen. Aber von Spiel, Spaß und Vertrauen kann man hier wohl nicht mehr reden. Wenn Sie mal wieder auf einer Messe oder Show sind, schauen Sie den Pferden in die Augen – dann werden Sie sehr schnell erkennen, welche Methoden und Gurus ich meine.

Bodenarbeit ist für das Pferd manchmal körperlich und geistig ebenso anstrengend wie die Arbeit unter dem Reiter. Der einzige Unterschied ist, dass es nicht noch durch das Reitergewicht belastet wird, was für Rücken und Gelenke schonender ist. Gerade Besitzer junger Pferde, die noch nicht geritten werden können, übertreiben es mit der Bodenarbeit maßlos. Schuld daran sind sicherlich auch einige Trainer und Bücher, die heutzutage vorgaukeln, dass man schon mit Saugfohlen ein komplettes Ausbildungsprogramm an der Hand durchziehen sollte. Und wenn ich dann auf manchen Veranstaltungen sehe, wie Fohlen und Jungpferde sogar schon in Perfektion Zirkuslektionen ausführen müssen, da wird mir als Freund der zirzensischen Arbeit ganz schön schlecht.

Mit Freizeitpferden kann bis zu zwei Drittel der gesamten Trainingszeit an der Hand gearbeitet werden, also an bis zu vier Tagen in der Woche. Für Turnierpferde empfehle ich die Arbeit vom Boden aus für ein Viertel bis ein Drittel der gesamten Trainingszeit, also zwei oder drei Tage pro Woche.

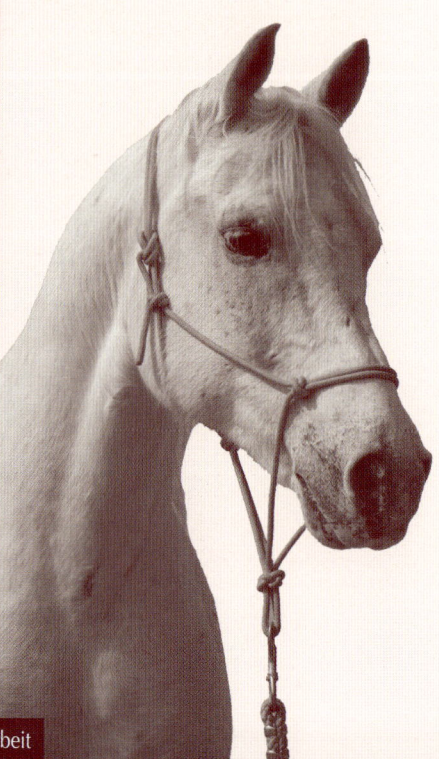

Ausrüstung

In Badelatschen kann man keinen Marathon laufen – und mit zu großen oder kleinen Halftern und schlecht gearbeiteten Führstricken kann man keine gute Bodenarbeit machen. Kaufen Sie deshalb lieber ein Mal Qualität. Die hat dann zwar ihren Preis – aber Sie ärgern sich nicht schon nach einigen Wochen, wenn die Nähte aufgehen oder sich das komplette Halfter im ersten Regen auflöst. Außerdem ist Qualität auch sicherer! Und Sicherheit sollte bei jedem Umgang und Training mit dem Pferd oberstes Gebot sein.

Schuhe und Handschuhe

Auch wenn es übertrieben erscheinen mag – tragen Sie immer Handschuhe bei der Bodenarbeit. Gerade am Anfang kann es schnell zu Missverständnissen zwischen Pferd und Mensch kommen, was das Pferd unter Umständen mit heftigen Reaktionen quittieren kann. Wenn dann der Strick brennend heiß durch die Handfläche gezogen wird und die Haut abschmirgelt, fällt das weitere Training für mindestens eine Woche flach, bis die Brandwunden wieder verheilt sind.

Einfache Reithandschuhe für 10 Euro sind für die Bodenarbeit völlig ausreichend. Ich bevorzuge im Sommer einfache, ungefütterte Handschuhe. Im Winter nehme ich oft ganz einfache Baumwollhandschuhe, wie man sie für 1 bis 2 Euro überall kaufen kann. Mindestens ebenso wichtig ist festes Schuhwerk, am besten knöchelhoch und natürlich bequem. Gerade bei jungen und ungestümen Pferden machen sich Stahlkappen schnell bezahlt – Ihre Zehen werden es Ihnen danken.

Im Laufe der Jahre sammelt sich so einiges an Pferdeausrüstung an, von dem man, wenn man ehrlich ist, nicht einmal die Hälfte wirklich braucht. Daher heißt es: Augen auf beim Ausrüstungskauf!

Halfter und Co.

Knotenhalfter

Seit die Gurus aus den USA zu uns herüberkamen, um uns die Bodenarbeit wieder beizubringen, glaubt man hierzulande fast, ohne Knotenhalfter keine Bodenarbeit machen zu können.

Knotenhalfter eignen sich einerseits gut für die Bodenarbeit, da sie wesentlich präziser wirken als das übliche Stallhalfter. Das Problem ist jedoch, dass es bei uns kaum maßgefertigte Knotenhalfter gibt. Besonders bei Einheitsgrößen sollte man vorsichtig sein, da diese meist überhaupt nicht richtig passen. Gute Knotenhalfter sind aus mittelfestem Yachtschot gefertigt. Zu weiche Knotenhalfter sollte man ebenso meiden wie zu harte. „Markenknotenhalfter" müssen es allerdings auch nicht sein. Für etwa 20 Euro bekommt man mittlerweile gute Knotenhalfter, die auch einige Jahre halten.

Ein Knotenhalfter sitzt gut, wenn die beiden unteren Knoten des Nasenriemens etwa eine Handbreit unter dem Jochbein des Pferdes und leicht vor einer gedachten Linie zum Pferdemaul liegen. Zwischen Pferdekinn und dem Diamantknoten, der jedes solide gearbeitete Knotenhalfter abschließt, sollte eine Handbreit Platz sein. Mehr Platz macht das Knotenhalfter zu wackelig, weniger Platz engt das Pferd zu sehr ein und verursacht einen permanenten Druck auf die Nase.

Ein gut sitzendes Knotenhalfter aus stabilem Material kostet mittlerweile samt Bodenarbeitsstrick gerade 20 Euro – eine Investition, die sich lohnt.

> Ein Knotenhalfter wirkt wesentlich schärfer als ein gängiges Stallhalfter. Besonders bei sensiblen Pferden können die Knoten bei zu unbedachtem Umgang mit dem Halfter zu ernsthaften Schmerzen führen.

Stallhalfter

Wenn Sie sich für ein Stallhalfter für die Bodenarbeit entscheiden, sollte es eines sein, das dem Pferd auch wirklich nur zur Bodenarbeit angelegt wird. So kann das Pferd dann besser zwischen Arbeit und Freizeit entscheiden.

Das Halfter sollte aus weichem Material bestehen. Mittlerweile gibt es viele Stallhalfter, die an Nase und Genick mit Neopren oder Filz unterlegt sind. Auf eine genaue Passform ist hierbei natürlich auch zu achten. Zu tief verschnallte Halfter drücken auf den empfindlichen Bereich über den Nüstern, an dem der Nasenknochen nur papierdick ist. Bei einem falschen Ruck an

Beim Stallhalfter für die Bodenarbeit sollte man nicht an der Qualität sparen.

dieser Stelle kann das Nasenbein schnell geprellt oder gebrochen werden.

Als Richtlinie für die korrekte Lage des Halfters dient das Jochbein. Der Nasenriemen sollte mindestens drei Fingerbreit unter dem Jochbein liegen und gleichzeitig etwa eine Handbreit über den Nüstern. Hier liegt das Nasenteil dann auf dem kompletten, dicken Knochen des Nasenbeins auf.

Für Pferde, die empfindlich an den Ohren sind, eignen sich besonders Stallhalfter, die am Genickstück eine leicht zu lösende Schnalle haben, sodass man das Halfter nicht über die Ohren streifen muss. Sollte ein Pferd beim normalen Überstreifen des Halfters immer wieder ängstlich reagieren, sollte man zunächst mit dem Tierarzt klären, ob eine Erkrankung der Ohren oder des Genicks vorliegt. Schmerzhafte Schwellungen am Genick werden nicht nur durch Krankheiten, sondern auch durch schlecht sitzende Ausrüstung und eine zu harte Reiterhand hervorgerufen.

Kappzaum

Auch ein gut sitzender Kappzaum kann für die Bodenarbeit verwendet werden. Er

Der Kappzaum muss dem Pferd perfekt passen und einen zweiten Kehlriemen haben, der verhindert, dass das Backenstück dem Pferd ins Auge rutscht.

bietet den Halftern gegenüber vor allem den Vorteil, dass er viel präziser wirkt und auch zum klassischen Longieren eingesetzt werden kann.

Allerdings sollte man den Kappzaum sehr sorgfältig aussuchen. „Schnäppchen" für unter 30 Euro sind meist weder solide verarbeitet noch auf Passgenauigkeit gefertigt. Ebenso sollte man Kappzäume mit ungeschützten metallenen Nasenteilen (wie die spanische Serreta) meiden, da diese dem Pferd extreme Schmerzen zufügen können. Für einen guten Kappzaum muss man schon 80 bis 100 Euro ausgeben. Hierfür erhält man dann aber auch ein vielseitig einsetzbares Ausbildungsinstrument, das man bei sachgerechter Pflege viele Jahre nutzen kann.

Stricke

Ich finde es immer wieder erschreckend, wie viele Reiter ihre Pferde mit Anbindestricken führen und mit Führstricken anbinden! Dies liegt zum einen an mangelndem Wissen, aber zum Großteil auch schlicht und ergreifend an Bequemlichkeit.

das Pferd nämlich unruhig werden und gegen den Strick ziehen, kann dieser mit einem Handgriff geöffnet werden. Ein Losknoten des Stricks dauert in solch einer Situation viel zu lange – und ist meist auch nicht mehr möglich, da das Pferd den Strick schon zu fest zugezogen hat. Allerdings muss man sagen, dass bei extremem Zug der Mechanismus des Panikhakens manchmal versagt und sich dann nicht mehr öffnen lässt.

Auf jeden Fall ist Vorsicht geboten, wenn man im Notfall einen Panikhaken öffnen möchte! Bei einem Pferd, das panisch nach hinten zieht und dabei hin und her springt, ist es gefährlich, mit der Hand zu versuchen, den Haken zu erwischen. Besser ist es, das Pferd zu beruhigen, bis es wieder still steht. Außerdem ist es schon vorgekommen, dass ein Panikhaken bei dieser extremen Belastung einfach durchbricht und seine Einzelteile durch die Luft fliegen – deshalb in einer solchen Situation lieber Abstand halten.

Anbindestrick
Ein Anbindestrick besteht aus einem etwa 2 Meter langen, stabilen Strick mit einem Panikhaken am Ende. Mit diesem Strick wird das Pferd nur angebunden – niemals aber geführt, da die Panikhaken die Angewohnheit haben, immer dann aufzugehen, wenn sie es nicht sollen! Man stelle sich nur einmal vor, solch ein Panikhaken löst sich bei einem Spaziergang mit dem Pferd unweit der nächsten Schnellstraße. Beim Anbinden hingegen ist der Panikhaken sehr sinnvoll. Sollte

Führ- und Bodenarbeitsstrick
Ein guter Bodenarbeitsstrick besteht aus stabilem, 3 bis 4 Meter langem Yachtschot mit einem stabilen Haken am anderen Ende. Dieser Haken kann ein Karabiner, Bullsnap oder auch ein Bergsteigerhaken sein. Am Ende des Stricks kann eine kleine Lederklatsche angebracht werden. Diese sollte jedoch niemals zum Strafen des Pferdes eingesetzt werden, sondern dient eher zum Verdeutlichen gewisser Körpersignale, die dann die gewünschte Lektion einleiten.

Mittlerweile gibt es den sogenannten „Safety Snap", der die Vorteile des sicheren Karabiners mit denen des Panikhakens verbindet. Dieser Anbindehaken hat einen Drehmechanismus, der sich auf keinen Fall allein öffnen kann und daher beim Führen des Pferdes absolut sicher ist. Dennoch kann man mit einer einfachen Handbewegung das Pferd jederzeit befreien.

Führkette

Wer einen Deckhengst zu einer rossigen Stute führt, der wird eine Führkette benötigen, da der vierbeinige Macho sich im Eifer des Gefechtes auch mal komplett vergisst. In einer solchen Extremsituation, in der der Hengst sich, die Menschen und auch die Stute gefährden könnte, ist es absolut in Ordnung, ihn mit der Führkette auch mal zu maßregeln. Doch auch hier sollte die Führkette immer mit Bedacht eingesetzt werden.
Eine um das Nasenteil des Halfters geschlungene Führkette kann die Schärfe einer Serreta entwickeln und – falsch oder zu heftig angewandt – dem Pferd erhebliche Verletzungen zufügen. Wenn Sie mit Ihrem Pferd durch die Bodenarbeit den Weg zu einer vertrauensvollen Partnerschaft finden wollen, sollten Sie auf dieses Hilfsmittel verzichten.

Gerten

Für weiterführende Übungen an der Hand benötigt man Bodenarbeitsgerten. Gute Dressurgerten ab einer Länge von 120 Zentimetern sind hierfür gut geeignet. Ideal ist eine Länge von 150 Zentimetern, da man dann auch auf Distanz mit dem Pferd gut arbeiten kann. Gerten aus Fiberglas sind zwar optisch sehr schön, bergen aber die Gefahr, sehr spitz zu splittern, wenn

Die Führkette ist etwas für Profis und sollte nicht ohne entsprechende Schulung leichtfertig verwendet werden.

Trailhindernisse kann man mit etwas handwerklichem Geschick leicht selbst bauen.

das Pferd zum Beispiel versehentlich darauf tritt. In eine gute Dressurgerte muss man kein Vermögen investieren. Ab etwa 15 Euro erhält man eine Gerte von guter Qualität.

Trailutensilien

Für Trailübungen an der Hand benötigt man natürlich die entsprechenden Bodenarbeitsstangen und Pylonen. Mit etwas Fantasie kann man sich aber auch hier für relativ wenig Geld im Baumarkt einen kompletten Trailparcours zusammenkaufen.

Bodenarbeitsstangen

Sie benötigen zehn Holzpfähle von mindes-tens 2,50 Metern Länge. Die Spitze, die man eigentlich in den Boden rammt, sägen Sie mit einer guten Stichsäge ab – vielleicht kann man Ihnen den kleinen Gefallen auch schon im Baumarkt tun. Schließlich sollten die Stangen noch mindestens zwei Meter lang sein. Alternativ zu den Holzpfählen kann man sich auch einfache Vierkanthölzer in 2 Meter Länge kaufen. Kostenpunkt pro Balken/Pfahl: etwa 5 Euro.

Dann brauchen Sie noch Holzlasur. Hiermit imprägnieren Sie das Holz erst einmal komplett. Zum Abschluss benötigen Sie dann noch etwas Holzfarbe, damit es auch schön bunt wird! Insgesamt müsste man

mit etwa 50 Euro für die zehn selbst gebauten Trailstangen gut hinkommen.

Pylonenersatz

Wer sich beim Straßenbauamt keine ausrangierten Pylonen besorgen kann, der kann sich auch mit kleinen Zementeimern aus dem Baumarkt helfen. Diese Eimer sind schwarz und fassen etwa 15 Liter. Der Optik halber kann man sie noch mit etwas Farbe aufpeppen. Ein Eimer kostet zwischen 3 und 5 Euro, etwa fünf Stück sollte man sich besorgen.

Flattervorhang

Für den Flattervorhang benötigen Sie einen Fliegenvorhang aus Kunststoff, Kostenpunkt circa 10 Euro. Sie können ihn dann entweder im Naturtrail in einem Baum befestigen oder an einen circa 3 Meter langen Bambusstock binden. Dieser Bambusstock wird dann von einem Helfer in die Reitbahn hineingehalten. Am besten stellt sich der Helfer hierzu außerhalb der Bande auf einen Hocker oder eine Klappleiter, sodass er einen erhöhten, aber sicheren Stand hat und den Flattervorhang hoch genug halten kann.

Spaß, Abwechslung,
Gymnastik, Vertrauen –
die Bodenarbeit bietet
viele Vorteile.

Arbeit an der Hand

Bei der Arbeit an der Hand können nicht nur Lektionen einstudiert werden, die das Pferd später auch unter dem Sattel erlernen soll. Diese Form des Trainings führt auch dazu, dass sich Pferd und Mensch schnell näherkommen und leichter eine vertrauensvolle Partnerschaft aufbauen können als „nur" beim Reiten.

Wie führe ich mein Pferd?

Ich stelle Ihnen in diesem Kapitel mehrere Führpositionen vor. Bitte wählen Sie sich dabei jene aus, die der bisherigen Ausbildung des Pferdes am nächsten kommt und bei der Sie sich selbst am sichersten fühlen. Natürlich ist es bei weiter ausgebildeten Pferden auch möglich, diese in allen Positionen zu führen. Um aber am Anfang Verwirrungen zu vermeiden, sollten Sie sich zunächst für eine entscheiden und erst dann eine weitere Führposition einführen, wenn die erste sicher sitzt.

Die Führposition der Westernreiter

Die Westernreiter bauen ihre komplette Bodenarbeit auf dem natürlichen Verhalten des Pferdes auf. So begründet sich auch die Führposition. Hierbei geht der Mensch voraus und das Pferd folgt in gebührendem Abstand.
Um dies zu bewerkstelligen, gibt es mehrere Möglichkeiten:

„Hinter meinem Rücken"
Bei dieser Führübung nehmen Sie das Seilende wie eine Zügelbrücke hinter Ihrem

Bevor es zum Spaziergang ins Gelände geht, wird erst einmal auf dem Platz geübt.

In dieser Führposition geht das Pferd genau hinter dem Menschen.

Rücken in beide Hände, wobei das Ende, das zum Pferd führt, in Ihrer Schreibhand liegen sollte. Der Strick sollte hierfür noch nicht allzu lang sein. Das Stück, das zum Pferd führt, sollte am Anfang maximal 1 Meter lang sein.

Dann marschieren Sie frohen Mutes los und Ihr Pferd wird direkt hinter Ihrem Rücken gehen. Irgendwann wird es dann auch mal ein Überholmanöver versuchen. Da der Strick allerdings zu kurz gehalten wird, als dass es einfach an Ihnen vorbeimarschieren könnte, wird es versuchen, Sie mit einem mehr oder weniger sanften Schubser aus dem Weg zu schieben.

Bleiben Sie dann abrupt stehen und lassen Sie Ihr Pferd sozusagen einfach mal „auflaufen". Gehen Sie anschließend, ohne sich umzudrehen, sehr energisch rückwärts und schieben Sie hierbei Ihr Pferd ebenfalls etwas unsanft nach hinten. Dann marschieren Sie wieder forsch weiter.

Im Laufe des Trainings können Sie den Strick dabei auch immer ein wenig länger lassen.

Diese Methode sollte man nicht bei Hengsten einsetzen, da diese das Rückwärtsschieben als Aufforderung zum Kampf sehen könnten.

Ringelreigen

Führen Sie das Pferd so, dass es mit seiner Nase hinter Ihrer Schulter bleiben muss. Setzt es zu einem Überholversuch an, drehen Sie abrupt nach innen ab und marschieren dann forsch weiter. Da das Pferd nun einen größeren Bogen laufen muss, wird es automatisch zurückfallen.

Ist das Pferd wieder hinter Ihnen, gehen Sie ruhigen Schrittes weiter geradeaus – bis

Durch das Wenden gerät ein drängelndes Pferd automatisch wieder hinter den Menschen. Wenn man die ursprüngliche Richtung beibehalten will, dreht man einfach entsprechend weiter.

zum nächsten Überholversuch. Es kann bei besonders sturen Pferden eine Weile dauern, ehe sie sich mit der neuen Position hinter Ihnen anfreunden. Auch bei Pferden, die es immer wieder versuchen, darf man nie die Geduld verlieren – sondern muss einfach etwas sturer sein als das Pferd!

Ingo setzt diese Methode sehr erfolgreich bei drängelnden Kurspferden ein, und auch Shadow lernte auf diese etwas nervige Weise seinen Platz kennen, da er jegliche Form des Rückwärtsrichtens für einen Angriff hielt, den er mit Steigen quittierte.

„Schrankenstöckchen"

Das Schrankenstöckchen wies auch Starlight erfolgreich auf seinen Platz, als er plötzlich Hengstmanieren entwickelte und

fortan kaum noch zu halten war. Die Ringelreigen-Methode fruchtete gar nicht mehr – er drehte sich dann wie ein Wirbelwind einfach stetig im Kreise und zog trotzdem heftig Richtung Damenwelt. Das Hinterherführen war auch keine Lösung – er rannte jeden Menschen einfach ohne Vorwarnung um.

So kamen wir mit seinen beiden Reittrainern auf die Idee mit dem Schrankenstöckchen: Führen Sie das Pferd an recht langem Strick schräg hinter sich. Vor die Nase des Pferdes halten Sie ein Stöckchen in Form einer stabilen Springgerte oder kurzen Dressurgerte.

Sobald das Pferd versucht zu überholen, saust die Gerte in schnellen Bewegungen in gebührendem Abstand vor seinem Gesicht auf und nieder. Das Pferd wird zum

Die Gerte wirkt hier wie eine Schranke – und an dieser geht's auf keinen Fall vorbei.

Die Zügel werden entweder mit beiden Händen genommen …

… oder, wenn man eine Hand freibehalten möchte, in gegenläufigen Schlaufen gehalten.

einen vor der reinen Bewegung etwas zurückweichen, zum anderen vor dem seltsamen Geräusch, das dadurch entsteht. Unbelehrbare Naturen, die dann doch versuchen, durch diese Schranke zu brechen, sollte man mit der Gerte kurz und knapp ein- bis zweimal gegen die Brust zwicken. Diese Berührung sollte natürlich nicht schmerzen, aber sehr unangenehm sein. Sobald das Pferd wieder brav auf seinem Platz geht, lassen Sie die Gerte sinken und loben es ruhig mit der Stimme. Erst wenn das Pferd wieder Anstalten macht, sich vorzudrängeln, wird die Gerte wieder angehoben. Wird diese Warnung ignoriert, beginnt wieder das Wippen, und erst, wenn auch dieses wieder ignoriert wird, „zwickt" die Gerte wieder deutlich in die Brust!

Mit dieser Methode können wir mittlerweile unseren Hengst problemlos an den Stutenpaddocks vorbeiführen. Natürlich plustert er sich dabei auf, tänzelt und schreit – aber dabei bleibt es dann auch und er versucht nicht mehr, zu den Stuten in die Paddocks zu hüpfen.

Führen nach der klassischen Reitlehre

Das Führen nach klassischer Art ist aus der Kavallerie entstanden und hatte damals auch sicherlich seinen Sinn und Zweck. Das seitliche Führen des Pferdes bot dem Kavallerist nämlich vor allem eines – Deckung! Stellen Sie sich vor, eine Reihe von Soldaten führt ihre Pferde nebeneinander. Außer direkt von vorn und direkt von hinten hätte kein Feind eine Chance, die Soldaten zu treffen. So unschön es auch klingen mag: Durch das seitliche Führen wurden die Pferde als Kugelfang genutzt.

Aus Sicherheitsgründen soll ein Pferd nach den Grundsätzen der Reitlehre außerhalb des Stalls und der Reitanlage immer nur an der Trense geführt werden. Im Detail soll das Führen wie folgt aussehen: Der Mensch stellt sich auf der linken Seite direkt neben den Kopf des Pferdes. Die rechte Hand ergreift die Zügel etwa eine Handbreit unter dem Kinn des Pferdes. Der Rest der Zügel wird in dieser Hand in kleine Schlaufen genommen und so festgehalten. Die freie Hand dient dazu, dem Pferd Richtungswechsel anzuzeigen. Pferd und Reiter gehen dann möglichst im Gleichschritt. Wendungen erfolgen ausschließlich nach rechts. Hierzu wird die linke Hand vor dem Kopf des Pferdes angehoben und ein Bogen nach rechts wird eingeschlagen. Der Bogen sollte so großzügig gewählt werden, dass der Bewegungsfluss des Pferdes nicht unterbrochen wird.

Gern wird argumentiert, dass das „Hinterherführen" des Pferdes immens gefährlich sei. Das Pferd könnte ja erschrecken und den Menschen dann über den Haufen rennen. Im Prinzip ist dies richtig, sofern die Gefahr direkt von hinten kommt. Ansonsten ist das seitliche Führen aber ebenfalls gefährlich, da es immer passieren kann, dass das Pferd seitlich gegen den Menschen springt oder unkontrolliert wegzieht.

Das Vorausschicken

Diese Führposition hat sich im Laufe der vielen Showjahre zwischen mir und Shadow eingependelt. Ich kann ihm aber nur deshalb erlauben, die „Nase vorn zu haben", weil bei uns die Rangfolge ganz deutlich geklärt ist.

Beim Vorausschicken geht der Mensch an der Schulter des Pferdes, der Führstrick hängt leicht durch. Gelenkt wird nahezu ausschließlich über die Stimme und eindeutige Körpersignale.

Diese Führposition ist vor allem dann von Vorteil, wenn man vom Pferd viele Lektionen von der Seite abfragt. Auch bei verschiedenen Trailübungen wie Engpass, Brücke, Wippe und noch vielem mehr kann das Schicken des Pferdes ganz neue Möglichkeiten eröffnen, diese Lektionen zu bewältigen. Und auch beim Verladen entstehen aus dem Vorausschicken nur Vorteile. Absolute Mindestvoraussetzung für das Einstudieren jedoch ist, dass die Rangfolge zwischen Pferd und Mensch hundertprozentig geklärt ist.

Dann studieren Sie diese neue Führposition wie folgt ein: Stellen Sie sich neben die Schulter Ihres Pferdes. In der dem Pferd zugewandten Hand halten Sie den Führstrick in Schlaufen gelegt, in der anderen Hand eine Gerte. Tippen Sie nun das Pferd sanft mit der Gerte am Hinterschenkel an, geben das Kommando „Gehen!" und laufen dann selbst los. Sobald Ihr Pferd sich nun in Bewegung setzt, loben Sie ausgiebig.

Zum Anhalten nehmen Sie die Gerte nach vorn, halten Sie sie dem Pferd vor die Brust und geben das Kommando „Steh!". Sobald das Pferd stehen bleibt, lassen Sie die Gerte in eine neutrale Position zwischen sich und das Pferd sinken und loben es.

Wendungen nach innen vollführen Sie einfach, indem Sie sich langsam auf dem Absatz herumdrehen und warten, bis auch Ihr Pferd den Bogen vollendet hat und wieder auf Schulterhöhe mit Ihnen ist. Geben Sie für diese Wendung das Stimmkommando „Rein!".

Wendungen nach außen leiten Sie ein, indem Sie die Gerte schräg vor den Kopf des Pferdes halten und es mit der anderen Hand sanft mit dem Stimmkommando „Rum!" zum Richtungswechsel „anschubsen".

Je klarer Sie bei dieser Führweise die Stimmsignale geben, umso schneller wird Ihr Pferd nur noch auf diese reagieren und Hilfen mit der Gerte werden überflüssig!

Eine Frage der Höflichkeit

Auch wenn man es in der modernen Gesellschaft kaum mehr glauben mag: Höflichkeit führt zum Erfolg! Leider sterben die guten Umgangsformen unter uns Menschen langsam aus. Die „Ellenbogengesellschaft" ist längst Realität geworden, Höflichkeit wird von großen Teilen der Bevölkerung eher sogar als Schwäche angesehen.

Im Zuge dieser neuen Entwicklung verloren wir aber nicht nur die Höflichkeit und den Respekt von Mensch zu Mensch, sondern auch den uns anvertrauten Tieren gegenüber. Höflichkeit gegenüber einem Tier hat viele Formen, aber alle gründen sich in tiefem Respekt vor dem anderen Lebewesen. In einer Zeit jedoch, in der das Tier sogar per Gesetz eine „Sache" ist, wird es leider oft auch als solche behandelt. Wenn ich mich auf manchen Turnieren umsehe, wie unglaublich respektlos selbst „große" Reiter mit den ihnen anvertrauten Pferden umgehen, dreht sich mir der Magen um.

Alle erwarten, dass das Pferd Respekt vor dem Menschen hat und ihm bedingungslos gehorcht. Aber wie kann man jemanden respektieren, der nur auf den eigenen Vorteil, den eigenen Ruhm aus ist? Und dieses Ziel sogar auf Kosten des Pferdes rigoros und ohne Rücksicht auf Verluste verfolgt?

Mich wundert es wahrlich nicht, dass viele Pferde ihre Besitzer mit angelegten Ohren begrüßen – oder ihnen demonstrativ das Hinterteil zudrehen. Anstatt dass diese Menschen aber dann darüber nachdenken, was sie wohl falsch gemacht haben, wollen

sie diese angebliche „Unverschämtheit" mit hartem Training, Strafe oder dem neumodischen „Dominanztraining" ahnden.

„Solange Menschen denken, dass Pferde nicht fühlen, fühlen Pferde, dass Menschen nicht denken", heißt es in einem Sprichwort. Höflichkeit muss von beiden Seiten kommen. Ich habe bisher bei meinen eigenen Pferden, aber auch Trainings- und Kurspferden bemerkt, dass man auf eine höfliche Bitte auch eine höfliche Reaktion erhält. Denken Sie daran, wenn Sie mit Ihrem Pferd die nun folgenden Lektionen einstudieren.

Nur durch ein höfliches und respektvolles Miteinander kann vertrauensvolle Partnerschaft entstehen.

Ein Schritt auf das Pferd zu und das Anheben der Hand reichen in den meisten Fällen aus, damit das Pferd mit der Hinterhand weicht.

Weichen mit der Hinterhand

Die erste Frage der Höflichkeit ist das Weichen mit der Hinterhand. Hierzu trägt Ihr Pferd sein Arbeitshalfter und einen Bodenarbeitsstrick.

🐴 Stellen Sie sich nun seitlich an das Pferd, wobei Sie einen Abstand von etwa einem Meter wahren sollten.

🐴 In der dem Pferd zugewandten Hand halten Sie den Strick locker, in der anderen Hand halten Sie das Ende des Stricks mit der kleinen Lederklatsche.

🐴 Ziehen Sie Ihre Schulterblätter etwas zurück, atmen Sie tief ein, sodass der Brustkorb sich hebt, und sehen Sie fest auf die Hinterhand des Pferdes, während Sie einen Schritt darauf zu machen und die Hand mit der Lederklatsche etwas anheben.

🐴 Meist reicht dieser rein energetische Druck schon völlig aus, um das Pferd zu einem seitlichen Schritt der Hinterhand zu veranlassen.

🐴 Ist dies nicht der Fall, beginnen Sie, mit dem Ende des Seiles zu pendeln und gegebenenfalls mit der Lederklatsche auch die Kruppe des Pferdes zu berühren, während Sie Ihre Körperspannung erhöhen.

🐴 Jetzt sollte auch ein deutliches Stimmsignal eingesetzt werden.

🐴 Sollte Ihr Pferd auch auf diese Aufforderung immer noch Wurzeln schlagen, beginnen Sie, das Seilende wie einen Propeller zu schwingen und gehen dann weiter auf das Pferd zu, bis der Propeller sein Hinterteil berührt.

🐴 Sollte es jetzt immer noch nicht weichen (ja, es gibt solch selbstbewusste

Naturen!), verkürzen Sie den Propeller, sodass dieser das Pferd nicht mehr berührt. Schwingen Sie das Seil nun mit Maximalgeschwindigkeit. Ein brummendes, für das Pferd unangenehmes Geräusch wird entstehen. Außerdem setzt dieses schnelle Schwingen wieder jede Menge Energie frei, vor der das Pferd dann ausweicht.

Nur wenn sich das Pferd nun immer noch nicht vom Fleck rührt, lassen Sie den Propeller ein einziges Mal mit voller Geschwindigkeit an seine Kruppe heran. Das tut dem Pferd nicht sehr weh, ist aber äußerst effektiv.

Egal, ab welcher Energiestufe das Pferd zu weichen beginnt – das erste Mal genügt ein Schritt. Sobald das Pferd diesen Schritt gemacht hat, senken Sie Hand und Strick und loben das Pferd. In der nächsten Trainingseinheit können Sie dann auch zwei bis drei Schritte verlangen. So steigern Sie die Anzahl der Schritte, bis Ihr Pferd eine komplette Wendung mit der Hinterhand ausführt – eine ideale Vorbereitung für die klassische Vorhandwendung, wie wir sie später im Trail brauchen werden!

Weichen mit der Vorhand

Das Weichen mit der Vorhand hat einen nicht verkennbaren psychologischen Effekt für das Pferd, da es nun auch tatsächlich in die Richtung gehen muss, in die es der Mensch schickt. Das Weichen der Vorhand

Durch das Zugehen auf das Pferd wird es dazu veranlasst, mit der Vorhand zu weichen, …

…wobei die Hand am Hals-Schulter-Übergang unterstützend wirkt.

ist somit ein viel stärkeres Dominanzmittel als das Weichen der Hinterhand.
Und so wird's gemacht:

🐎 Stellen Sie sich an die Schulter des Pferdes.

🐎 Der Bodenarbeitsstrick befindet sich zu Schlaufen gelegt in der Hand, die nun am Übergang zwischen Hals und Schulter des Pferdes liegt.

🐎 Die freie Hand legen Sie sanft oberhalb der Maulspalte an den Kopf des Pferdes und drücken das Pferd sehr sanft (es reicht völlig, einfach die Finger etwas anzuspannen) in die gewünschte Bewegungsrichtung.

🐎 Wenn das Pferd den Hals in die gewünschte Richtung bewegt, pendeln Sie wieder das Seil sanft an seine Schulter, sodass es seitlich weicht. Sie müssen hierbei einen recht großen und schnellen Kreis laufen, damit das Pferd nicht mit der Hinterhand ausbricht. Eine zweite Möglichkeit besteht darin, anstatt des „Anpendelns" mit der freien Hand sanften, intervallartigen Druck an der Stelle des Halses auszuüben, wo Hals und Schulter aufeinandertreffen. Ein dauerhafter Druck mit der zweiten Hand sollte aber vermieden werden, weil das Pferd dann instinktiv dagegendrücken könnte. Das sanfte Erhöhen und Vermindern des Drucks jedoch „schiebt" es in die gewünschte Richtung.

Auch hier reicht es anfangs völlig, wenn das Pferd einen einzigen Schritt mit der Vorhand macht und die Hinterhand dabei ruhig stehen bleibt. Lassen Sie dann die vordere Hand sinken und streicheln Sie das Pferd damit lobend am Hals.

Die Anzahl der Schritte erhöhen Sie dann von Training zu Training. Sobald die Bewegung sitzt, nehmen Sie als Erstes die Hand am Pferdekopf weg. Die Hand wird nun zum Einleiten der Wendung nur noch

gehoben, die zweite Hand führt weiterhin den intervallartigen sanften Druck aus.
Wenn auch diese Lektion glückt, können Sie dazu übergehen, die Wendung nur noch mit erhobener Hand und der eigenen Bewegung einzuleiten. Statt der Hand kann man hierfür auch eine Gerte verwenden. Niemals darf die Gerte das Pferd am Kopf berühren oder das Pferd gar damit geschlagen werden!

Seitwärtsverschiebung

Ich habe schon die skurrilsten Methoden gesehen, wie manch selbsternannter Experte versuchte, einem Pferd die Anfänge der Seitengänge näherzubringen. Die wohl brutalste hiervon war, dem Pferd mit einem Stock abwechselnd auf die Nase und auf den Hintern zu schlagen und ein Wegrennen mit einem scharfen Gebiss zu verhindern.

Natürlich kann man ein Pferd auch seitlich verschieben, indem man ihm abwechselnd die Vorhand und die Hinterhand verschiebt. Dadurch beginnt das Pferd aber zu „schlängeln" und ein sauberer Seitengang ist auch später nicht möglich. Durch das ständige und manchmal auch recht unsanfte Antippen am Kopf verspannt sich das Pferd und nimmt diesen natürlich immer höher. Ein verspannter Rücken ist die Folge. Dies hat dann mit der eigentlichen Idee der Seitengänge – lösende, kräftigende Gymnastizierung – nichts mehr gemeinsam.

Mein Weg ist deshalb ein anderer: Ihr Pferd hat in den beiden vorhergegangenen Schritten gelernt, Vor- und Hinterhand auf Seil- oder Handsignal hin zu verschieben. Beim Seitengang wird nun einfach die Mittelhand verschoben.

🐎 Stellen Sie sich etwa auf Widerristhöhe zu Ihrem Pferd.

🐎 Die dem Pferdekopf zugewandte Hand hält wieder den Bodenarbeits-

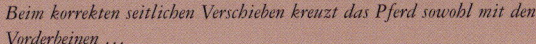

Beim korrekten seitlichen Verschieben kreuzt das Pferd sowohl mit den Vorderbeinen …

… als auch mit den Hinterbeinen.

strick wie beim klassischen Führen, die andere Hand das Endstück des Stricks.

🐴 Pendeln Sie dieses Ende nun sanft auf die Mittelhand des Pferdes zu, ohne es dabei zu berühren. Gehen Sie gleichzeitig auf das Pferd zu und geben Sie ein gewähltes Stimmsignal.

🐴 Sollte das Pferd nun nach vorn oder hinten ausweichen wollen, begrenzt Ihre Hand am Strickanfang diese Bewegung und „schiebt" es sanft in die gewünschte Bewegungsrichtung.

🐴 Wenn das Pferd nicht auf das reine Pendeln hin weicht, sollte man es mit dem Strickende beziehungsweise der Lederklatsche berühren –

bei besonders „standhaften" Naturen darf sie dann auch mal ganz kurz wirklich zart „anklatschen". Sobald das Pferd sich aber in Bewegung setzt, berührt die Lederklatsche es auf keinen Fall mehr.

🐴 Wenn das Pferd nun auch nur einen einzigen überkreuzenden Schritt mit den Vorder- oder Hinterbeinen macht, senken Sie den Strick und die Lederklatsche und loben es ausgiebig.

Rückwärtsgehen

Ob Sie es glauben oder nicht: Starlight konnte nicht rückwärtsgehen! Es war nicht der mangelnde Respekt, der ihn hadern ließ, sondern schlichtweg die Tatsache, dass

So wird der Strick gehalten.

Einmal pumpen mit der Hand …

… entspricht einem Schritt rückwärts.

er seine Beine nicht sortieren konnte. Die Vorderbeine liefen zwar immer brav zurück – bis sie wirklich an den Hinterbeinen anstießen. Mittlerweile beherrscht er aber auch diese Lektion sowohl an der Hand als auch unter dem Reiter sehr gut. Der Trick beim Rückwärtsrichten besteht darin, es nicht mit Druck vom Pferd zu verlangen und auch mit wortwörtlich kleinen Schritten am Anfang zufrieden zu sein.

- Stellen Sie sich frontal vor Ihr Pferd und fassen Sie den Bodenarbeitsstrick etwa in Höhe des Buggelenks so, dass keinerlei Zug auf diesem ist.
- Fassen Sie den Strick verkehrt herum – also so, dass Ihr Daumen nach unten und der kleine Finger nach oben zeigt. Dann drehen Sie das Ganze einfach aus dem Handgelenk wieder nach oben, sodass nun der Daumen nach oben zeigt und der Führstrick fast wie ein Zügel in der Hand liegt. Der Strick muss hierbei aber immer durchhängen.
- Zeigen Sie dann mit dem Daumen Richtung Pferdebrust und „pumpen" Sie mit der Hand. Genauso wie beim Arzt, wenn die Blutabnahme mal wie-

der nicht klappt und dieser sagt: „Öffnen und schließen Sie die Faust." Durch dieses Pumpen wird Muskulatur aktiviert und auch die Durchblutung gesteigert. Ihr Pferd kann die Bewegung Ihrer Hand nicht sehen – aber sehr wohl die minimale Muskelkontraktion in Ihrer Schulter. Diese Bewegung ähnelt dem Drohverhalten der Pferde, wenn ihnen ein Artgenosse zu nahe kommt.

- Dann heben Sie ein Bein und „zucken" damit leicht nach hinten. Dadurch wird es unter Spannung gesetzt und bedeutet dem Pferd quasi, dass es zum Ausschlagen bereitgehalten wird.
- Machen Sie jetzt einen kleinen, aber deutlichen Schritt auf das Pferd zu und „pumpen" Sie dabei einmal. Ihr Pferd sollte nun zurückweichen. Im Idealfall „vereinbaren" Sie mit Ihrem Pferd nun, dass ein einmaliges „Pumpen" einen Tritt bedeutet. So können Sie auch später im Trail an der Hand das Pferd gezielter steuern. Sollte Ihr Pferd dennoch diese deutliche Geste ignorieren, gibt es zwei Möglichkeiten, es zu einem Schritt nach hinten zu überzeugen:

Der Propeller eignet sich für sehr „charakterfeste" Naturen.

Entweder Pendel beziehungsweise Propeller – hierbei müssen Sie natürlich extrem darauf achten, dass das Seil nicht zu lang ist, damit das Pferd nicht versehentlich am Hals getroffen wird. Pendeln oder propellern Sie dann einfach ohne Zögern weiter und gehen Sie auf das Pferd zu. Wenn es nun weiter auf seinem Standpunkt beharrt, wird der Propeller es „zwicken". Weicht es aber rechtzeitig aus, geschieht nichts – außer, dass es ein dickes Lob gibt.

Oder Sie arbeiten mit der Gertenschranke, die das Pferd ja bereits aus den Führübungen kennt. Ich nutze beide Varianten, je nach Situation. Um Verwirrungen bei meinen Pferden zu vermeiden, setze ich die „Gertenschranke" nur von der Seite aus der „Schickposition" des Führens ein:

- Gehen Sie mit Ihrem Pferd auf den Hufschlag.
- Stellen Sie sich auf Höhe der Schulter neben das Pferd.
- Der Strick ist locker in der dem Pferd zugewandten Hand zu Schlaufen aufgenommen.
- Heben Sie die Gerte vor die Brust des Pferdes und führen Sie eine langsame Auf- und Abbewegung durch, bei der Sie gleichzeitig das Stimmkommando „Back!" geben und selbst rückwärts gehen.
- Sollte das Pferd auf die Gerte allein nicht reagieren, können Sie sanft über den Führstrick am Halfter einen Impuls geben.
- Wenn das Pferd auch nur ein Bein nach hinten stellt, senken Sie die Gerte und loben es ausgiebig.

Die Gertenschranke ist ebenfalls äußerst effektiv zum Rückwärtsrichten. Die Gerte darf jedoch niemals als Strafe eingesetzt werden, da das Pferd sonst sehr schnell kopfscheu wird.

Das Anheben der Gerte lenkt die Aufmerksamkeit des Pferdes auf den Menschen.

Im Laufe des Trainings erhöhen Sie dann über mehrere Tage hinweg die Anzahl der Rückwärtsschritte.

Stillstehen

Für ein Fluchttier scheint es immens schwierig zu sein, dann stehen zu bleiben, wenn der Besitzer es will. Auch beim Stillstehen gilt: „Wie man in den Wald hineinruft, so schallt es heraus!" Wer versucht, Pferde mit Hilfsmitteln, Kraft oder gar Gewalt auf der Stelle zu halten, der erlebt meist drei unangenehme Dinge: Das Pferd zappelt weiter, rennt weg – oder rennt den Menschen über den Haufen.

Das ruhige Stehen kann dem Pferd nur dann vermittelt werden, wenn auch der Mensch innerlich ruhig ist:

- Bevor Sie mit Ihrem Pferd das Stillstehen üben, sollten Sie ihm eine Lösungsphase ermöglichen – 20 Minuten besonnenes Longieren oder Round-Pen-Arbeit eignen sich hierfür.

- Stellen Sie sich mit etwa einem Meter Abstand vor das Pferd. Vermeiden Sie aber, direkt vor dem Pferd zu stehen, da es Sie in dieser Position kaum sehen kann. Wenn man leicht schräg steht, erleichtert dies dem Pferd die Aufgabe ungemein.

- Heben Sie die Gerte etwas nach oben und wackeln Sie mit der Spitze. Um die Aufmerksamkeit des Pferdes zu Beginn zu gewährleisten, können Sie daran ein kleines Stück Stoff oder Plastikfolie befestigen. Wedeln Sie aber nicht zu wild, da das Pferd sonst erschrecken könnte.

🐎 Geben Sie nun das Stimmkommando „Bleib!" und zählen Sie innerlich leise bis fünf. Dann senken Sie die Gerte, gehen auf das Pferd zu und loben es ausgiebig.

Im Laufe der nächsten Trainingseinheiten können Sie die Zeitspanne dann immer weiter ausdehnen. Sobald das Pferd mit seiner Aufmerksamkeit abdriftet, wackeln Sie wieder kurz mit der Gerte, damit es seine Sinne wieder darauf fixiert. Dann können Sie auch damit beginnen, im großen Bogen um das Pferd zu gehen, wobei es sich natürlich nicht mitdrehen darf.

Ground Tying

Das Ground Tying entstand aus der Notwendigkeit der Cowboys, ihre Pferde auch mal ohne Baum und Strauch sicher „parken" zu können. Hierzu brachten sie den Pferden bei, bei herunterhängenden Zügeln an Ort und Stelle stehen zu bleiben. Da diese Methode aber recht trainingsaufwändig war, dürften wohl viele Cowboys das Hobbeln der Pferde (das Zusammenbinden der Vorderbeine) vorgezogen haben.
Auch dem modernen Freizeit- und Westernreiter nützt das Ground Tying des Öfteren – zum Beispiel, wenn er absteigen und eine verschobene Trailstange wieder richten muss. Dann ist es sehr nützlich, wenn das Pferd einfach da stehen bleibt, wo man es geparkt hat.
Um Ihrem Pferd das Ground Tying näherzubringen, sollten Sie vorher mit ihm die

Stillstehübung trainieren, bis diese über eine Zeitspanne von mindestens 20 Sekunden funktioniert.

🐎 Legen Sie den ins Halfter eingehakten Bodenarbeitsstrick vor dem Pferd auf den Boden. Haken Sie zusätzlich eine Longe ins Halfter ein und praktizieren Sie dann einige Male noch die normale Stillstehübung. So kann Ihr Pferd sich in Ruhe daran gewöhnen, dass nun etwas vor ihm am Boden liegt.

🐎 Wenn das Pferd sicher stehen bleibt, entfernen Sie die Longe und üben das Stillstehen nur noch mit Gerte. Hierbei sollten zu Beginn auch wieder 5 Sekunden genügen, dann gehen Sie ruhig zu Ihrem Pferd und loben es ausgiebig.

🐎 Im Laufe des Trainings erhöhen Sie nun wieder die Zeitspanne.

🐎 Wenn Sie bei mindestens 20 Sekunden angelangt sind, beginnen Sie damit, die Gerte immer sparsamer einzusetzen, bis Sie darauf verzichten können.

🐎 Anstatt der Gertenhilfe geben Sie nun nur noch deutlich das Stimmkommando „Bleib!"

🐎 Bleibt Ihr Pferd auch jetzt ruhig stehen, können Sie damit beginnen, in geringem Abstand um das Pferd herumzulaufen oder ihm auch mal den Rücken zuzudrehen. Sollte es dabei in Versuchung geraten, sich zu bewegen, geben Sie wieder deutlich das Signal „Bleib!"

🐎 Sollte das Pferd doch mal den ihm angewiesenen Platz verlassen, schimpfen Sie auf keinen Fall! Führen Sie es wieder an genau diese Stelle zurück und beginnen Sie die Übung erneut.

> Für das Ground Tying darf das Pferd niemals eine Trense oder einen Kappzaum tragen! Die Verletzungsgefahr ist groß, falls das Pferd doch einmal losläuft und in den Zügel oder die Longe tritt.

Das Ground Tying wird anfangs mit einer „Sicherheitslonge" geübt, …

… später reicht die Gertenhilfe aus, bevor schließlich nur noch ein Stimmkommando nötig sein wird.

So wird das „A Place" erarbeitet: In der ersten Stufe gibt es noch einen direkten Kontakt zum Pferd.

Später gehen Sie mit geringem Abstand um das Pferd herum, …

… bis Sie sich schließlich auch weiter entfernen können.

A Place

Sollten Sie später mit Ihrem Pferd Zirkus-lektionen oder klassische Lektionen an der Hand einstudieren wollen, ist es unbedingt notwendig, dass das Pferd stets ruhig stehen bleibt – und zwar ganz egal, wo Sie stehen.

Sie müssen also in der Lage sein, um Ihr frei stehendes Pferd herumzulaufen, ohne dass sich dieses mitdreht oder davonschlendert. Nur wenn das Pferd auch wirklich längere Zeit an dem ihm zugewiesenen Platz stehen bleibt, können Sie später gezielte Signale geben, um einzelne Lektionen zu trainieren.

- Wenn das Ground Tying funktioniert, legen Sie dem Pferd den Strick über den Hals und stellen sich an seine Seite.
- Dann gehen Sie in engem Abstand eine Runde um das Pferd herum und streicheln es sanft, damit es immer spürt, wo Sie sind.
- Wieder an der Schulter angekommen, loben Sie Ihr Pferd und machen dann noch eine Runde in die andere Richtung.
- Der Abstand wird in den folgenden Trainingsintervallen immer größer, bis Sie das Pferd nur noch mit ausgestreckten Armen mit den Fingerspitzen berühren.
- Bleibt Ihr Pferd auch jetzt ruhig stehen, heben Sie einen Arm mit ausgestrecktem Zeigefinger und gehen Sie um das Pferd herum. Es darf gern den Kopf drehen.
- Ab der Höhe des Hüftknochens kommen Sie in den toten Winkel des Pferdes. Jetzt müssen Sie die andere Hand zur Seite strecken, damit Ihr Pferd Sie sehen kann und ruhig stehen bleibt.

Klassische Lektionen an der Hand

Vorhandwendung

Bei der Vorhandwendung bewegt das Pferd seine Hinterhand um die Vorhand herum. Unterscheiden muss man zwischen der Vorhandwendung nach Westernart und der klassischen Art: Bei der Vorhandwendung nach Westernart bleibt die Vorhand stehen – das Pferd dreht um ein Vorderbein. Bei der Vorhandwendung nach klassischer Art beschreibt das Pferd mit der Vorhand einen sehr kleinen Kreis.

Welche Variante Sie nun einstudieren wollen, ist reine Geschmacksache und sollte auch von Ihrem bisherigen Reitstil abhängig gemacht werden. Das Erarbeiten beider Methoden ist nahezu identisch und beinhaltet nur den Unterschied, dass man beim Westernpferd das Bewegen der Vorderbeine mit mehr Stellung und Halten des Stricks unterbindet.

- Stellen Sie sich wie beim Weichen der Hinterhand an das Pferd.
- Der Bodenarbeitsstrick wird wie beim klassischen Führen gefasst und befindet sich in der dem Pferd zugewandten Hand.
- In der anderen Hand, die der Hinterhand des Pferdes am nächsten ist, halten Sie eine Gerte.
- Geben Sie dem Pferd nun die gleichen Körper- und Stimmsignale wie beim ersten Weichen der Hinterhand. Anstatt mit dem Pendel oder Propeller können Sie es nun mit einer leichten Auf- und Abbewegung der Gerte zur Wendung animieren. Ein leichtes Touchieren bei besonders charakterstarken Pferden ist erlaubt.
- Keinesfalls darf das Pferd mit der Gerte gezüchtigt werden. Wenn Sie dem Pferd zu verstehen geben wollen, dass Sie es absolut ernst meinen, sollten Sie mit der Gerte eher eine schnelle Bewegung in der Luft machen, womit dann

Durch den Schritt in Richtung Hinterhand und das Signal mit der Gerte weicht das Pferd aus …

… so lange, wie die Hilfe weiter gegeben wird.

ein sausendes Geräusch entsteht. Die so freigesetzte Energie reicht bei den meisten Pferden für die Wendung völlig aus.

- Wenn das Pferd nun zu wenden beginnt, begrenzt bei der Wendung nach Westernart die Hand mit dem Strick jegliche Bewegung der Vorhand, während man bei der Wendung nach klassischer Art ein Mittreten der Vorderbeine erlaubt und sogar durch Lob fördert.
- Ist die Wendung vollendet, senken Sie umgehend die Gerte und loben Ihr Pferd ausgiebig.

Hinterhandwendung

Bei der Hinterhandwendung bewegt sich das Pferd mit der Vorhand um die Hinterhand. Auch hier besteht der Unterschied zwischen der Westernwendung und der klassischen Wendung darin, dass bei der klassischen Variante ein aktives Mittreten der Hinterbeine gewünscht ist.

- Stellen Sie sich wie zum Weichen der Vorhand an das Pferd.
- Die dem Pferd zugewandte Hand greift den Bodenarbeitsstrick wieder wie beim klassischen Führen.
- Heben Sie die andere Hand hoch, legen eventuell zur Verdeutlichung den Gertenknauf an den Hals und bewegen Sie sich dann im Kreis auf das Pferd zu, wie Sie es bereits beim Weichen der Vorhand geübt haben.
- Die Hand am Strick steuert nun mit sanften Signalen die Vorhand des Pferdes und stellt die gewünschte Biegung ein.
- Um ein Ausscheren der Hinterhand zu verhindern, müssen Sie den Kreis korrekt und auch recht zügig laufen.

Durch das sanfte Anlegen der Gerte mit dem Knauf an den Hals biegt sich das Pferd vom Menschen weg und marschiert los.

Durch das Gehen eines Kreisbogens veranlasst der Mensch das Pferd, mit den Hinterbeinen auch wirklich stehen zu bleiben.

Sobald die Gerte weggenommen wird, richtet Shadow sich wieder gerade und bleibt kurz darauf stehen.

🐎 Sobald das Pferd die Wendung vollendet hat, senken Sie die Hand, geben das Kommando zum Stehen und loben es ausgiebig.

Seitengänge

Nachdem das Pferd bereits das Prinzip des seitlichen Weichens verstanden hat, können Sie dies nun mithilfe von Gertensignalen verfeinern. Am besten üben Sie die ersten Ansätze dieser Lektionen auf dem Hufschlag entlang der Bande, damit das Pferd eine Orientierung hat. Stellen Sie Ihr Pferd dabei im 90-Grad-Winkel zur Bande auf, sodass die Stirn des Pferdes zur Bande zeigt und das Hinterteil in die Bahn hinein.

🐎 Stellen Sie sich wieder neben das Pferd, halten den Strick aber komplett in einer Hand. Die Hand, die dem Hinterteil des Pferdes am nächsten ist, hält eine Gerte parallel zum Pferdekörper.

🐎 Bewegen Sie die Gerte dann wie eine Schranke auf und ab und gehen Sie gleichzeitig auf das Pferd zu, bis es beginnt, seitlich zu weichen.

🐎 Heraus kommt eine Lektion, die dem Schenkelweichen ähnelt.

Wenn Sie ein klassisches Schulterherein wünschen, lassen Sie das Pferd diese Übung mit dem Kopf ins Bahninnere vollführen. Achten Sie dabei aber darauf, dass die Abstellung nicht mehr als 45 Grad beträgt, da sonst der gymnastizierende Effekt verloren geht.

Im Gegensatz dazu kommt es beim Side Pass der Westernreiter ebenso wie beim Schenkelweichen darauf an, dass das Pferd nicht gebogen ist, sondern möglichst in sich gerade bleibt. Um dies zu bewerkstelligen, üben Sie zunächst das normale seitliche Weichen wie oben beschrieben. Versuchen Sie dann, mit der Hand am Strick den Kopf des Pferdes möglichst gerade zu halten. Sollte die Hinterhand dann immer ein wenig dichter bei Ihnen sein als die Vorhand, können Sie die Hinterhand zwischendurch sanft antouchieren, um das Pferd gerade zu stellen. Geben Sie für den Side Pass unbedingt ein anderes Kommando als für das Schulterherein, damit Ihr Pferd beide Lektionen auseinanderhalten kann.

Side Pass Special

Grundvoraussetzung für diese Übung ist, dass Ihr Pferd den normalen Side Pass bereits flüssig auf Gertensignal hin in beide Richtungen beherrscht.

Zu Beginn dieser neuen Lektion sollten Sie einen Helfer hinzuziehen, da es nun gilt, viele Signale sehr deutlich in festgesetzter Reihenfolge zu geben.

🐎 Nehmen Sie Ihren 3 Meter langen Bodenarbeitsstrick und führen ihn über den Rücken des Pferdes und unter dem Bauch wieder hervor, sodass Sie beide Enden in der Hand halten und der Strick den Rumpf des Pferdes in einer Schleife umschließt.

🐎 Zupfen Sie nun sanft am Strick, sodass das Pferd auf der gegenüberliegenden Seite einen leichten Druck verspürt.

🐎 Gleichzeitig gibt nun Ihr Helfer das gewohnte Signal zum Side Pass, sodass das Pferd sich nun auf Sie zu bewegt.

🐎 Lassen Sie Ihr Pferd bereits nach zwei bis drei Schritten anhalten und loben Sie es ausgiebig.

Wiederholen Sie diese Übung, bis das Pferd sie ruhig und sicher ausführt, dann können Sie auf Ihren Helfer schon verzichten und allein weitermachen:

🐎 Halten Sie nun den Führstrick des Pferdes und das „Bauchseil" in der dem Pferd zugewandten Hand und eine Gerte in der anderen.

- Legen Sie die Gerte etwa zwei Handbreit hinter dem Widerrist auf den Rücken des Pferdes und tippen es leicht an.
- Geben Sie das gewählte Stimmkommando und zupfen gleichzeitig wieder am Bauchseil, sodass das Pferd sich zwei bis drei Schritte auf Sie zu bewegt.
- Halten Sie wieder an und loben Ihr Pferd ausgiebig.

Diese Lektion ist für das Pferd am Anfang sehr verwirrend, da Sie ihm eine eher aggressive Geste gestatten: Es darf sich auf Sie zu bewegen. Auf diese Weise geben ranghohe Pferde rangniederen Pferden zu verstehen, dass sie sich verziehen sollen.

Im Laufe des Trainings sollte das Zupfen des Bauchseils dann immer weniger werden, bis das Pferd am Ende auf das reine Gertensignal im Side Pass auf Sie zukommt.

Anfangs führen der leichte Druck mit der Longe und das Touchieren zum Side Pass Special.

Nach einigen Trainingseinheiten geht's dann auch ohne die Hilfe der Longe um den Bauch.

Jedes Pferd profitiert von überlegtem und ruhigem Trailtraining an der Hand.

Trail an der Hand

Viele überambitionierte Westernreiter kann man gerade beim Trailtraining in regelmäßigen Abständen fluchen hören. Denn wer vom Sattel aus mit den kniffligen Stangenmikados beginnt, ist von vornherein zum Scheitern verurteilt. Da aber Bodenarbeit auch bei den Turnier-Westernreitern nicht mehr gerade als „schick" gilt, vernachlässigen auch sie diesen wichtigen Aspekt der Pferdeausbildung nur zu oft.

Die hier vorgestellten Traillektionen werden Ihnen später im Sattel auch auf Western- und Freizeitreiterturnieren des Öfteren begegnen.

Doch auch die Nicht-Westernreiter werden von diesen Lektionen profitieren. Trailübungen schulen beim Menschen sehr das Zusammenspiel der Hilfen und das Einfühlungsvermögen. Dem Pferd verhelfen diese Übungen zu einem wesentlich verbesserten Körpergefühl und mehr Geschicklichkeit, was sich in jeder Reitweise und auch vor der Kutsche positiv auswirkt.

Übungen mit den Pylonen

Einen recht einfachen Einstieg in die Trailarbeit an der Hand bilden die Pylonen. Auch in puncto Auf- und Abbauzeit sind sie sehr angenehme Hindernisse.

Pylonenslalom vorwärts
Stellen Sie hierzu vier bis sechs Pylonen in gleichmäßigem Abstand, aber in beliebigem Muster auf und führen Sie Ihr Pferd in Schlangenlinien hindurch. Wechseln Sie spätestens nach dem zweiten Durchlauf das „Laufmuster" – so bleibt Ihr Pferd aufmerksam.
Es empfiehlt sich auch, das Pferd in der Übung immer wieder an einer beliebigen Stelle zwischen den Pylonen anzuhalten. So können Sie verhindern, dass das Pferd „vorausdenkt" und den Parcours irgendwann allein absolviert.

Pylonenslalom rückwärts
Für diese Übung sollten Sie zu Beginn nur zwei bis vier Pylonen verwenden, die Sie auch in sehr großzügigem Abstand zueinander aufstellen. Als Richtlinie kann man hierfür am Anfang einen Abstand von zwei Pferdelängen zwischen den Pylonen nehmen.

Pylonenarbeit fördert die Koordination von Pferd und Mensch.

- Stellen Sie Ihr Pferd auf Schulterhöhe an die erste Pylone.
- Touchieren Sie die Hinterhand ein wenig an, sodass diese sozusagen auf dem zweiten Hufschlag steht und somit das Pferd diagonal zwischen den Pylonen hindurchgehen kann.
- Richten Sie das Pferd in gewohnter Weise zwei bis drei Tritte rückwärts, bis es genau zwischen den beiden Pylonen steht.
- Bleiben Sie stehen und loben Ihr Pferd.
- Dann richten Sie es weiter rückwärts, bis es mit der Schulter auf Höhe der nächsten Pylone steht.
- Wieder anhalten und loben.
- Touchieren Sie nun die Hinterhand erneut an, sodass diese wieder „hereinkommt" und beim nächsten Pylonenpaar wieder ein diagonales Rückwärtsrichten möglich ist.

Im Laufe des Trainings werden die „Anhaltephasen" dann immer kürzer und Sie richten Ihr Pferd ruhig und flüssig rückwärts durch den Slalom.

Slalom mal anders!

Bei dieser Variante des Slaloms bewegt sich nur Ihr Pferd im Slalom um die Pylonen, während Sie geradeaus weitergehen. Hierbei empfiehlt sich die Führposition des „Vorausschickens":

Das Rückwärtsrichten im Slalom erfordert viel Geduld und Geschick.

- Stellen Sie Ihr Pferd auf Schulterhöhe auf eine Seite der Pylone, während Sie selbst auf der anderen stehen.
- Lassen Sie das Pferd im Schritt antreten.
- Erreicht das Pferd den Mittelpunkt zwischen zwei Pylonen, holen Sie es mit dem Führstrick und einem deutlichen Stimmkommando („Rein!") zu sich und passieren dann die zweite Pylone.
- Jetzt schicken Sie das Pferd wie bei der

Hinterhandwendung wieder von sich weg und geben dazu ein neues Stimmkommando („Raus!").
- Ihr Pferd wird nun wieder durch die Diagonale zwischen beiden Pylonen hindurchgehen.
- Erreicht es dann die nächste Pylone und passiert diese, holen Sie es wieder zu sich ...

Am Ende sollte das Pferd auf reine Gertensignale den Slalom bewältigen. Zum Hereinholen bewege ich die Gerte auf mich zu, zum Hinausschicken bewege ich die Gerte auf das Pferd zu und berühre es notfalls mit dem Knauf sanft am Hals.

Showmanship at Halter

Dies ist eine offizielle Prüfung mancher Westernreitverbände – und es sieht einfacher aus, als es ist!

Das Pferd wird hierbei ähnlich wie beim klassischen Vormustern an der Hand präsentiert und muss eine bestimmte Aufgabe

Einer rechts, einer links: Dieser Slalom fördert das Mitdenken des Pferdes.

Beim Showmanship at Halter kommt es vor allem darauf an, wie gut das Pferd präsentiert wird.

in den Gangarten Schritt und Jog (langsamer Trab ohne Schwebephase) zeigen. Hierzu werden als Orientierungshilfen Pylonen verwendet. Auch Hinterhandwendungen können vorkommen.

Bei der Showmanship at Halter wird nicht das Gebäude des Pferdes, sondern vornehmlich der Präsentationsstil des Vorführers und das korrekte Herausbringen des Pferdes bewertet.

Übungen mit ein bis zwei Stangen

Das Schrittchenspiel

Die meisten Pferde im Trail neigen dazu, eilig zu werden, was gerade bei Prüfungen zu vielen Fehlern führen kann. Aber auch für den „Alltagsgebrauch" ist es immer von Vorteil, wenn das Pferd auf die Signale des Menschen wartet und nicht selbst voreilige

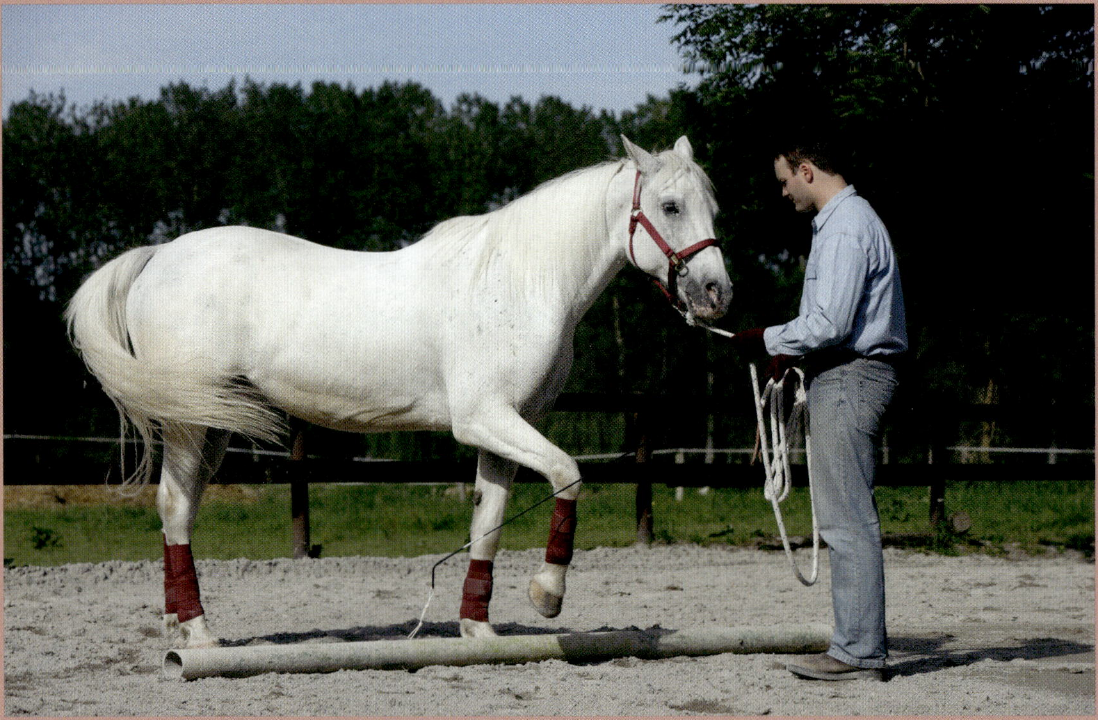

Mit dem Touchieren der Beine kann man das Pferd Schritt für Schritt über die Stange dirigieren.

– und gerade im Gelände oft fatale! – Schlüsse zieht.

Das Schrittchenspiel, das im Grunde nichts anderes ist als eine Step Control über eine Stange, ist hierbei sehr hilfreich:

🐎 Legen Sie eine Stange auf den Boden, in gebührendem Abstand zur Bande. Wenn noch andere Pferde in der Bahn sind, empfiehlt sich ein Zirkelmittelpunkt – da stört man die anderen am wenigsten.

🐎 Stellen Sie sich so hin, dass die Stange zwischen Ihnen und Ihrem Pferd liegt. Dann zupfen Sie sanft am Strick und geben ein Stimmkommando. Gleichzeitig touchieren Sie das Pferd mit der Gerte an dem Bein, das es nun nach vorn bewegen soll.

🐎 Sobald das Pferd ein Bein nach vorn setzt, erfolgt das Kommando „Whoa" und Sie loben Ihr Pferd – egal, ob das Bein nun schon über der Stange ist oder nicht.

🐎 Jetzt erfolgt die eigentliche erzieherische Phase: eine lange Pause. Zu Beginn reichen allerdings 5 Sekunden.

🐎 Dann fordern Sie das Pferd zum nächsten Schritt mit dem anderen Vorderbein auf.

🐎 Dirigieren Sie auf diese Weise das Pferd wirklich Schritt für Schritt über die Stange.

🐎 Ist die Übung geglückt, gehen Sie mit dem Pferd ein bis zwei Runden einfach auf dem Platz spazieren, damit es den nun sicherlich angestauten Bewegungsdrang in Ruhe abbauen kann.

🐎 Dann gehen Sie das „Hindernis" auch von der anderen Seite an. Erwarten Sie nicht, dass Ihr Pferd es nun einfach macht. Es muss von jeder Seite die Übung erneut richtig lernen und verstehen, da es nicht wie wir Menschen Dinge von rechts nach links und andersherum übertragen kann.

Beim nächsten Training legen Sie zwei Stangen so hin, dass der Abstand es Ihrem Pferd zu Beginn leicht macht, zwischen die beiden Stangen zu treten. Zwei Meter sind bei mittelgroßen Freizeitpferden (Stockmaß um 150 Zentimeter) völlig ausreichend.

Dirigieren Sie auch jetzt das Pferd Schritt für Schritt über beide Stangen – und zwar auch hier von beiden Seiten.

Lektionen im Stangenkorridor

Engpässe machen Pferde immer nervös – und wenn es nur zwei augenscheinlich harmlose Trailstangen sind. Die Arbeit im Stangenkorridor ist deshalb bereits die Vorbereitung zum später folgenden Engpass. Legen Sie die Stangen zu Beginn ruhig 1,50 Meter weit auseinander und reduzieren Sie erst später auf etwa 1 Meter. Nun gibt es verschiedene Übungen, die Sie mit Ihrem Pferd in diesem Korridor machen können:

🐎 Führen Sie es hindurch.

🐎 Führen Sie es hinein, halten für 10 Sekunden an und führen Sie es wieder hinaus.

🐎 Führen Sie es hinein, halten für 10 Sekunden an und dirigieren es rückwärts wieder hinaus.

🐎 Traben Sie durch den Korridor.

🐎 Traben Sie hinein und halten Sie an. Nach 10 Sekunden Pause geht's dann im Schritt wieder hinaus, für Fortgeschrittene im Trab.

🐎 Traben Sie hinein, halten an und richten das Pferd rückwärts hinaus.

🐎 Schicken Sie das Pferd in der Führposition des „Vorausschickens" im Schritt durch den Korridor.

🐎 Schicken Sie das Pferd im Schritt in den Korridor, halten es an und schicken es dann wieder im Schritt hinaus. Fortgeschrittene können diese Übung dann auch im Trab versuchen.

Erst den Stangenkorridor kennen lernen, …

… dann geht's rückwärts wieder hinaus, …

… und schließlich allein durch die Gasse.

➤ Longieren Sie das Pferd in allen Gangarten (beginnend natürlich im Schritt)
von beiden Seiten durch den Korridor.

Side Pass und Side Pass Special über eine Stange

Beginnen Sie mit dieser Übung erst, wenn
Ihr Pferd beide Side-Pass-Varianten (siehe
Seite 40 bis 42) bereits flüssig an der Hand
beherrscht.

Dann üben Sie zuerst den klassischen Side
Pass über einer Stange:

➤ Führen Sie das Pferd gerade an die
Stange heran.
➤ Geben Sie das Signal zum Anhalten,
sobald das Pferd die Stange mittig
unter sich hat.
➤ Dann setzen Sie das Signal zum klassi-
schen Side Pass an.
➤ Lassen Sie das Pferd einen bis drei
Schritte seitwärts machen.

*Die Hilfen sind die glei-
chen wie beim normalen
Side Pass Special – doch
die Stange bedeutet eine
neue Herausforderung.*

Der Side Pass zwischen zwei Stangen hindurch ist sehr schwierig und sollte mit entsprechender Geduld eingeübt werden.

- Dann halten Sie das Pferd (das immer noch über der Stange stehen sollte) an und loben es.
- Nach etwa 5 Sekunden lassen Sie das Pferd vorwärts über die Stange treten und gehen mit ihm eine „Nachdenkrunde" auf dem Platz spazieren.
- Führen Sie es nun wieder an die Stange und wiederholen die Übung in die andere Richtung.

In der nächsten Trainingseinheit verlangen Sie dann bereits zwei bis drei Tritte mehr seitwärts, bis das Pferd ruhig und gelassen die komplette Stange in beide Richtungen meistert.

Den Side Pass Special studieren Sie an der Stange auf genau die gleiche Weise dann ein, wenn der klassische Side Pass schon flüssig in beide Richtungen funktioniert.

Side Pass und Side Pass Special zwischen zwei Stangen

Im Grunde wird auch hier der Side Pass nach dem zuvor genannten Muster einstudiert. Jetzt tritt das Pferd allerdings nicht über eine Stange, sondern zwischen zwei Stangen, was wesentlich schwieriger ist! Legen Sie die Stangen anfangs ruhig fast 2 Meter weit auseinander, dann ist es nicht so schlimm, wenn das Pferd mal ein wenig „schwankt".

Um es dem Pferd leichter zu machen, können Sie die Stangen auch parallel direkt an die Bande legen (vorher aber mit den Reitkollegen unbedingt abklären). Die erste Stange liegt dann direkt an der Bande, die zweite parallel dazu 2 Meter weiter innen, was etwa dem zweiten Hufschlag entspricht.

Lassen Sie das Pferd zu Beginn den Side Pass mit dem Kopf zur Bande hin üben. So kann es sich an der geraden Linie der Bande orientieren. Glückt die Übung in beide Richtungen, lassen Sie das Pferd die Lektion in der nächsten Trainingseinheit mit

dem Hinterteil zur Bande ausführen. Hat es auf diese Weise den klassischen Side Pass gemeistert, können Sie in der nächsten Trainingseinheit genauso auch den Side Pass Special zwischen den Stangen angehen.

Im Laufe des Trainings legen Sie die beiden Stangen immer weiter von der Bande entfernt hin, bis Sie diese an jeder beliebigen Stelle des Reitplatzes ablegen können.

Übungen mit drei und mehr Stangen

Wie bereits erwähnt, besteht der moderne Western-Turniertrail mittlerweile fast nur noch aus einem wirren Stangensalat. Bei großen Turnieren liegen da nicht selten 50 und mehr Stangen im Parcours, die Pferd und Reiter dann in irrwitzigen Mustern durchreiten müssen.

Auf solch ein Mikado können Freizeitreiter natürlich getrost verzichten. Dennoch macht die Arbeit an einigen Trailhindernissen aus der Westernturnierwelt gerade auch an der Hand immens Spaß.

Stangenfächer

Für einen Stangenfächer legen Sie einige Stangen so, dass sie sich an einem Ende berühren und dann wie ein Fächer weiterlaufen.

Bei dieser Übung müssen Pferd und Mensch lernen, „den richtigen Bogen rauszuhaben". Denn dieses auf den ersten Blick einfach anmutende Hindernis verzeiht nicht den kleinsten Fehler. Ist der Bogen nicht korrekt ausgeführt, sind die Abstände zwischen den Stangen meist unpassend und das Pferd gerät ins Stocken oder schert seitlich aus dem Hindernis aus.

Üben Sie daher dieses Hindernis zunächst in aller Ruhe im Schritt und auch immer

Mit unerfahrenen Pferden geht man gemeinsam mittig über den Fächer.

Pferde, die den Fächer kennen, werden allein hindurchgeschickt.

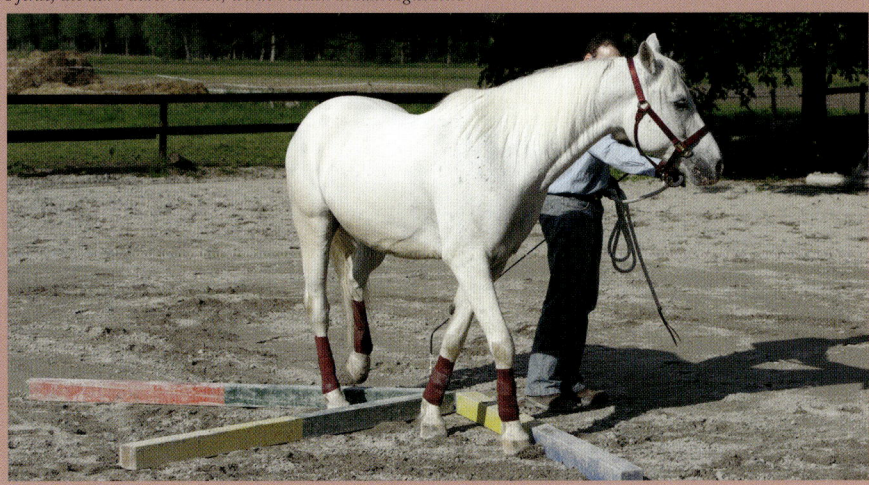

Je enger die Zirkellinie, umso höher der Schwierigkeitsgrad.

von beiden Seiten, sodass das Pferd sich in beide Richtungen biegen muss. Erst wenn es im Schritt gut klappt, kann man zum Trab übergehen.

Stangenquadrat

Die nächste Schwierigkeitsstufe bildet das Stangenquadrat, das aus vier gleich langen Stangen gelegt wird. Es bietet sich für verschiedene Führübungen an. So kann man beispielsweise eine große Acht oder ein Kleeblatt über die einzelnen Stangen laufen. Wer es etwas schwieriger mag, läuft nicht mittig über die Stangen, sondern über die Ecken.

Im Stangenquadrat lässt sich hervorragend die Mittelhandwendung – eine Kombination aus jeweils einem Schritt Vorhand- und Hinterhandwendung – üben, da das Pferd hier eine optische Begrenzung hat. Über das Stangenquadrat kann man auch beide Side-Pass-Varianten sehr schön trainieren, wobei diese dann in den Ecken mit einer viertel Vor- oder Hinterhandwendung kombiniert werden müssen. Bei der einfacheren Variante zu Beginn lässt man das Pferd mit dem Kopf nach innen den Side Pass ausführen. So muss es in den Ecken lediglich das Hinterteil um 90 Grad herumschieben. Andersherum, also mit dem Kopf nach außen, ist eine Verschiebung der Vorhand fällig, was wesentlich schwieriger ist.

Stangen-T und Stangenstern

Das Stangen-T besteht aus drei Stangen, die in Form eines T gelegt werden. Die Stangen werden nicht direkt aneinandergelegt, sondern anfangs mit mindestens 50 Zentimetern Abstand zueinander.

Das Stangen-T bietet sich zum einen für Trabübungen an, bei denen das korrekte Anhalten über der Stange geübt wird. Wesentlich kniffliger wird es allerdings,

Zuerst gehen Sie einfach in einem „Kleeblattmuster" über das Stangenquadrat.

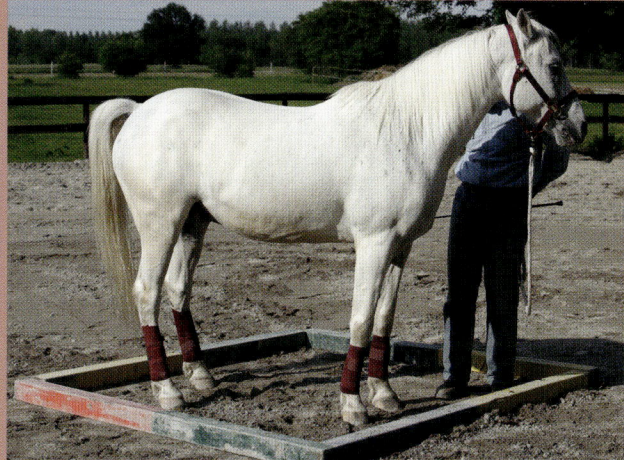

Dann lassen Sie das Pferd darin anhalten.

Die Mittelhandwendung setzt sich aus jeweils einem Schritt Vorhand- und einem Schritt Hinterhandwendung zusammen.

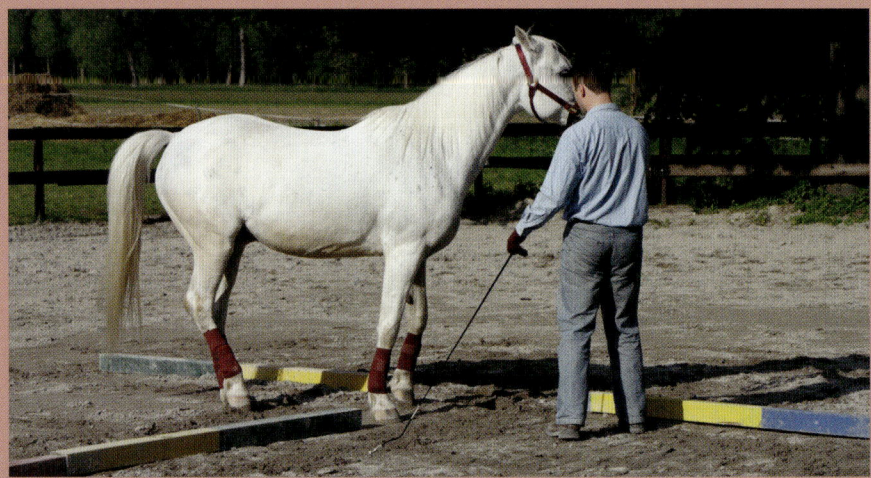

Das „Einfädeln" ist wohl das Schwierigste in dieser Stangenkombination.

Anschließend erfolgt ein Side Pass nach außen …

… und dann wieder durch die Öffnung in der Mitte zur anderen Seite.

wenn man dieses Hindernis für verschiedene Side-Pass-Varianten nutzt. Hierbei kann man das Pferd dann auf verschiedenen Wegen über das komplette Stangen-T im Side Pass „hindurchfädeln". Die schwierigsten Stellen sind die, an denen die drei Stangen aufeinandertreffen, da hier der Weg am engsten ist.

Longieren Sie das Pferd zunächst ruhig im Schritt um den Stangenstern herum.

Je enger die Stangen liegen, umso schwieriger wird es fürs Pferd.

Stangen-L

Das Stangen-L ist aus keinem Westerntrail mehr wegzudenken, da es unendlich viele Kombinationsmöglichkeiten bietet. Sie benötigen je nach Länge vier bis sechs Stangen. Der Abstand zwischen den Stangen kann zu Beginn schon mal 1,50 Meter betragen. Das gängige Turniermaß bei den Westernreitern ist 1 Meter – und da wird dann oft hineingaloppiert!

Im Stangen-L können Sie alle vorhergegangenen Lektionen miteinander kombinieren: rückwärts, vorwärts, stillstehen, 90-Grad-Drehung von Hinterhand oder Vorhand, Side Pass über die Stangen, Side Pass zwischen den Stangen und, und, und …

Ganz knifflig wird es, wenn man in das Stangen-L noch drei Pylonen stellt, um die man das Pferd dann vorwärts und rückwärts herumschlängelt.

Zuerst führen Sie das Pferd im Schritt durch das Stangen-L.

Nun beginnt ein normaler Side Pass.

Am Ende der Stange wird dann wieder mit einer halben Vorhandwendung zu den beiden anderen Stangen eingefädelt.

m zweiten Durchlauf geht's dann rückwärts hinaus.

Am Ende des Rückwärtsgehens wird das Pferd mit einer viertel Vorhandwendung in die äußeren Stangen „eingefädelt".

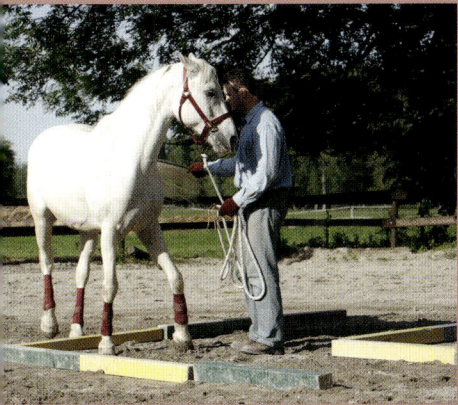

den Ecken wird mit der viertel Vorhandwendung wieder auf neue Stange umgestellt.

Dann geht's im normalen Side Pass weiter.

ch diese wird im normalen Side Pass bewältigt.

Zum Schluss geht es noch mal komplett im Side Pass Special zurück.

Es bedarf viel Trainings und Geduld, ehe ein Pferd bei diesem Wind völlig gelassen unter dem Flattervorhang stehen bleibt.

Schreck lass nach!

Pferde sind Fluchttiere. Das ist seit 6 Millionen Jahren so. Das Problem an der Sache ist jedoch, dass die Natur, als sie das Pferd „entworfen" hat, nicht mit der so genannten Zivilisation der Menschen rechnete. Konnte das Pferd damals bequem durch freie Steppen fliehen, wenn ihm etwas unheimlich war, so wird es heute mit einem dichten Netz aus Straßen, Eisenbahnschienen, Wohngebieten und Autobahnen konfrontiert.

Mut kann man lernen

Die modernen Herausforderungen aus der Umwelt, denen sich das Pferd heute stellen muss, sind viel zu „jung", als dass sich die Evolution des Pferdes darauf hätte einstellen und es sein Verhalten entsprechend hätte anpassen können. 10.000 Jahre Menschheitsgeschichte sind, aus der Sicht der Evolution gesehen, nicht einmal ein Wimpernschlag.

Es ist auch sehr unwahrscheinlich, dass sich das Pferd in den kommenden 10.000 Jahren im Verhalten so sehr ändert, dass es beim Durchgehen erst rechts und links schaut, ehe es dann vorsichtig über die Straße geht, um dann auf der anderen Seite die Flucht fortzusetzen.

Der Fluchtinstinkt des Pferdes kollidiert immer auch mit dem Raubtierinstinkt des Menschen: Denn während das Pferd bei Druck (Annehmen der Zügel beim Durchgehen oder Anspannung der Muskulatur des Reiters) vermehrt mit Gegendruck (ins Gebiss stemmen und ab durch die Mitte) reagiert, fallen auch wir Menschen in unser unbewusstes Verhaltensmuster zurück:

„Beute bloß nicht loslassen!" Also klammern wir uns fest, machen ein Heidengeschrei, damit der Rest unseres „Rudels" uns zu Hilfe eilt, und versuchen, die Sache mit Kraft zu lösen. Das ist unser Verhaltensmuster, in das wir automatisch in einer entsprechenden Gefahrensituation verfallen. Denn auch bei uns sind die letzten 10.000 Jahre (von denen wir 5.000 Jahre lang diese Verhaltensmuster noch zum Überleben brauchten) evolutionstechnisch ein absoluter Klacks und auch unser viel gerühmter Verstand kann uns nicht davor schützen, in Extremsituationen dem Instinkt doch den Vorzug zu geben.

Aber für jedes Problem gibt es eine Lösung, und diese heißt: Konditionierung – für Pferd und Mensch! Durch das gezielte Herbeiführen von Schrecksituationen können Pferd und Mensch gemeinsam lernen, diese auch außerhalb des vorgegebenen Verhaltensmusters zu bewältigen. Wenngleich keine der im Folgenden vorgestellten Übungen ein in Todesangst geratenes Pferd vom Losstürmen abhalten wird, so können sie dennoch helfen, die kleinen Schreckmomente des Alltags besser zu überstehen und das Miteinander von Pferd und Mensch ungefährlicher zu gestalten.

Gerade beim Anti-Schreck-Training darf man nie „mit der Tür ins Haus fallen", da man sonst das Vertrauen, das man bisher zu seinem Pferd aufbauen konnte, binnen Sekunden wieder verlieren wird. Nie darf man die Sichtweise des Pferdes vergessen: Ein guter Chef bringt seine Herde erst gar nicht in eine gefährliche Situation, sondern wendet diese vorher ab.

Deshalb beginnen wir hier mit sehr einfachen Übungen und Gegenständen, die wir dem Pferd zuallererst auch im Round Pen präsentieren. Hier kann das Pferd sich in der ruhigen und vertrauten Umgebung ohne äußere Störfaktoren mit den neuen Reizen auseinandersetzen. Erst wenn alles im Round Pen klappt, gehen wir mit den Gegenständen auf den Reitplatz. Und zum Schluss kann man diese „Schreckhindernisse" sogar an ausgesuchten Stellen im Gelände platzieren – und ohne großen Aufwand hat man einen tollen „Naturtrail" gezaubert.

Völlig gelassen marschiert die Araberstute mit ihrer Besitzerin im Naturtrail über Stock und Stein – und Plastikplane.

Wenn's flattert und knistert ...

Plastikplane

Nutzen Sie, wenn Sie Ihr Pferd an etwas Neues gewöhnen wollen, die unersättliche Neugierde, die jedem Pferd innewohnt – und auch die unglaubliche Verfressenheit:

- Falten Sie die Plane (festes Material, circa 3 mal 3 Meter groß) so klein wie möglich zusammen und legen Sie sie in die Mitte des Round Pen.
- Platzieren Sie einige Karotten oder Äpfel auf der Plastikplane.
- Arbeiten Sie mit Ihrem Pferd auf gewohnte Weise im Round Pen.
- Währenddessen gehen Sie immer mal wieder kurz zu der Plane, stellen sich geräuschvoll darauf und beißen ein Stück von einem Apfel ab.
- Ihr Pferd wird binnen Sekunden den neuen Gegenstand hochinteressant finden, da aus diesem Wunderteppich anscheinend Leckereien herauskullern.
- Wenn Sie das Pferd in die Mitte bitten, gehen Sie mit ihm zusammen zu der Plane und lassen es den neuen Gegenstand selbst inspizieren. Versuchen Sie nicht, das Pferd dazu zu animieren, auf die Plane zu treten, und rascheln Sie auch nicht damit.
- Sobald das Pferd den Kopf senkt und die Plane aus freien Stücken berührt, loben Sie es ausgiebig, geben ihm den Rest des Apfels und beenden die Übung für diesen Tag.

Ja, so unspektakulär sieht das zu Beginn aus! Kein Wunder, dass man so etwas nie im Fernsehen oder in den Guru-Shows sieht. Denn es ist zum Zuschauen wirklich langweilig.

Beim nächsten Round-Pen-Training breiten Sie die Plane etwas weiter aus und legen am Ende nach dem Hereinbitten des Pferdes wieder einen Apfel mittig darauf. Nun wird das Pferd bereits mit einem Fuß

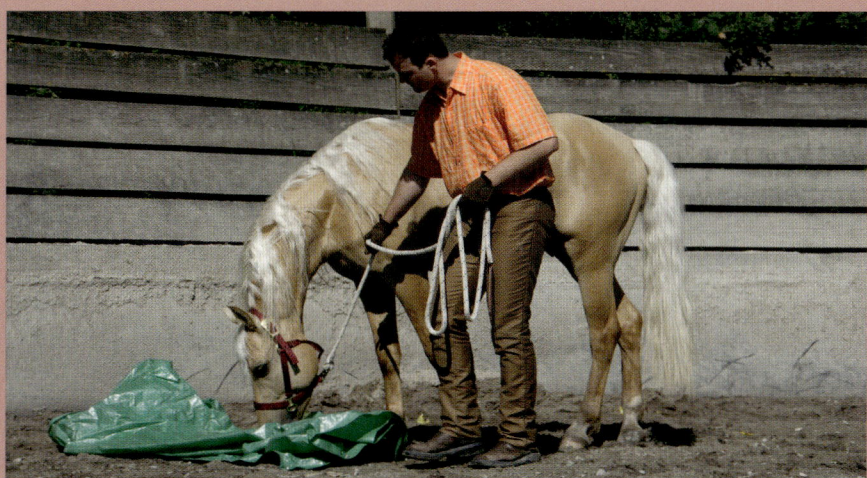

Neugierig inspiziert Starlight die zusammengelegte Plastikplane …

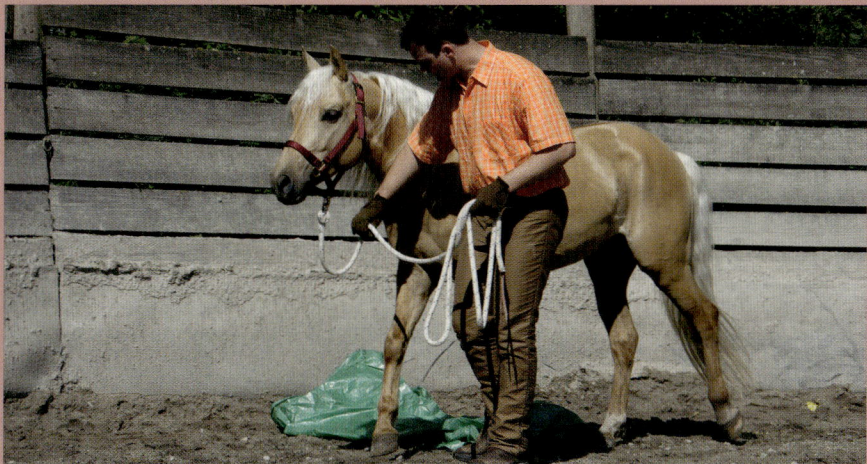

… und wagt dann einen Schritt darüber.

Bereits beim zweiten Durchgang können wir die Plane vergrößern.

auf die Plane treten müssen, um den Apfel zu erhaschen.

Erst beim dritten Training legen Sie dem Pferd ein Halfter und einen langen Strick an und führen es bewusst an die Plane heran, die nun so groß ausgebreitet ist, dass das Pferd nicht einfach einen großen Schritt darüber machen kann.

Nun bitten Sie Ihr Pferd mit dem Schrittchenspiel, einen Fuß auf die Plane zu stellen. Auch wenn es eine Weile dauert – hier ist Geduld gefragt! Solange das Pferd sich mit der Plane beschäftigt, ermutigen Sie es mit sanfter Stimme und loben es für jeden kleinen Schritt auf das „Monster" zu. Das Pferd darf nur eines nicht: sich nicht mit der Plane beschäftigen.

Jedes Pferd jedoch, an dem noch kein seltsamer Guru herumgedoktert hat, das ein halbwegs intaktes Selbstvertrauen und auch Vertrauen in seinen Menschen hat, wird nach wenigen Minuten zögerlich ein Bein auf die Plane stellen. Loben Sie das Pferd nun ausgiebig und sparen Sie auch nicht mit kleinen Leckereien. Dann lassen Sie es wieder rückwärts von der Plane heruntertreten und beenden das Training sofort.

So arbeiten Sie sich von Training zu Training Stück für Stück mit Ihrem Pferd auf die nun immer größer werdende Plane, bis Sie das Pferd schließlich locker aus allen Richtungen darüberführen und auch darauf anhalten können.

Ist dies geglückt, können Sie die Plane nun auch auf dem Reitplatz einsetzen, und wenn es an der Hand klappt, spricht nichts dagegen, es später auch vom Sattel aus zu versuchen.

> Vorsicht bei Pferden mit Hufeisen! Es besteht die Gefahr, dass sich die Plane in dem Eisen verfängt. Deshalb ist es wichtig, dass die Planen aus festem, möglichst dickem Material bestehen.

Flaggen

Jeder Turnierreiter kann ein Lied davon singen: Fahnen und Flaggen werden von vielen Pferden als wahre Dämonen angesehen und vermasselten schon manch perfekt begonnene Prüfung.

Auch beim Gewöhnen an Flaggen beginne ich wieder im Round Pen und lege einige Male während der normalen Round-Pen-Arbeit einfach einige Fahnen ohne Stile in die Mitte.

- Beim Hereinkommen lasse ich das Pferd diese dann genau inspizieren und lobe es, wenn es sich mit den neuen Dingen auseinandersetzt.
- Nach einigen Tagen nehme ich das Pferd dann an das Halfter mit einem langen Strick. Ich knülle eine Fahne in meiner Hand zusammen und streichle damit das Pferd herzhaft.
- Mit jeder Streichelbewegung lasse ich die Fahne dann ein kleines Stück größer werden und massiere mit dem Stück Stoff in der Hand das Pferd. Auf diese Weise verbindet das Pferd die Fahne von Anfang an mit etwas Positivem – nämlich mit gegenseitiger Fellpflege.
- Diese Übung wiederhole ich dann auf der anderen Seite, sodass das Pferd die Fahne von beiden Seiten genau in Augenschein nehmen kann.

In der zweiten Trainingseinheit beginne ich dann, das Pferd an die eigentlichen Flaggen zu gewöhnen:

- Ich binde die Fahne mit einer Ecke an einer Gerte fest und wickle den Rest der Fahne um die Gerte.
- Mit der Gerte streiche ich dann das Pferd ab, während meine freien Finger der Bewegung mit herzhaftem „Rückenkratzen" folgen. Die meisten Pferde haben irgendwo in der Nähe des Widerrists ihren ultimativen Kratzpunkt.

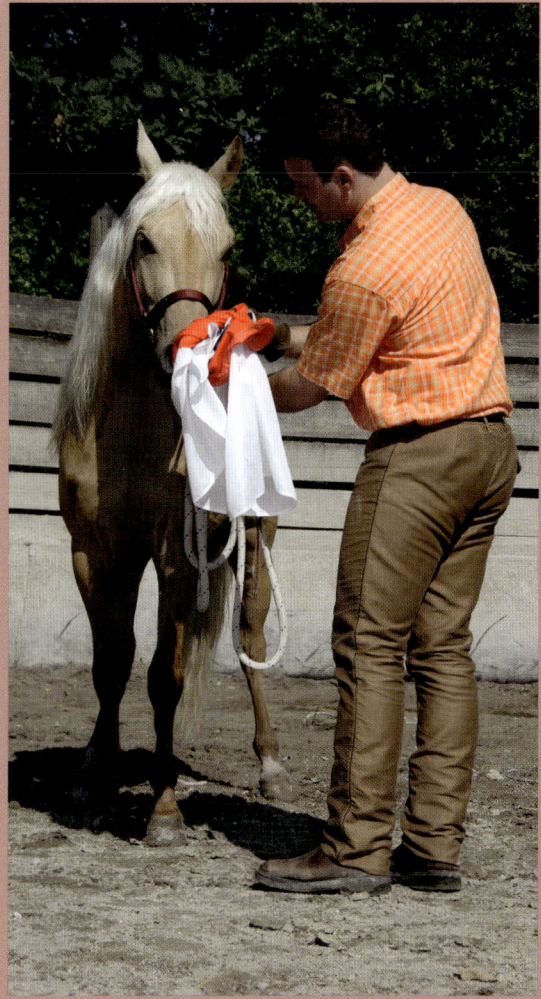

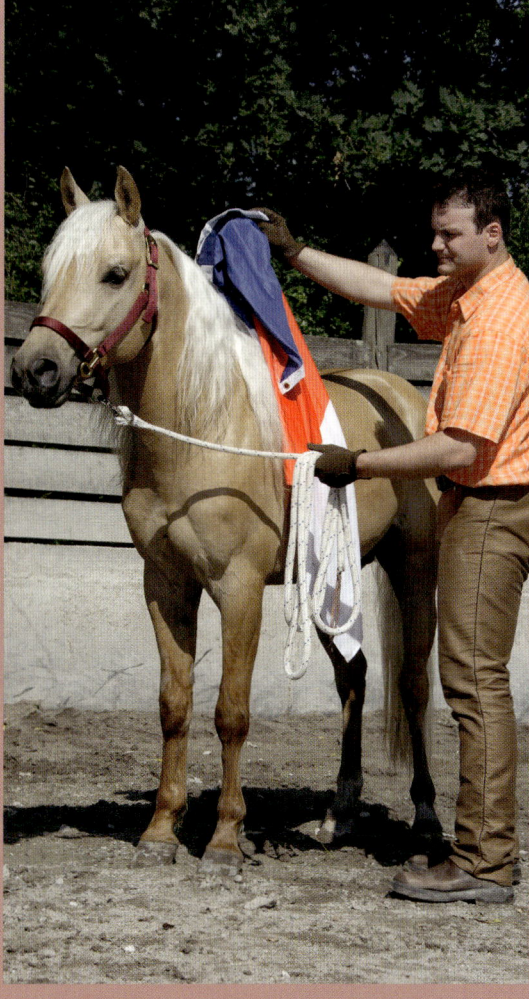

Die Fahne wird dem Pferd zunächst gezeigt, wobei sie möglichst eng zusammengeknüllt werden sollte.

Anschließend kann man das Pferd mit der nach und nach größer werdenden Fahne überall am Körper streicheln.

Wer den gefunden hat, der kann seinem Pferd so ziemlich alles schmackhaft machen!

- Ich rolle nun auch durch Drehen der Gerte die Fahne Stück für Stück ab, bis sie als „langes Etwas" herunterhängt.
- Nun beginne ich, das Pferd auch damit zu streicheln und ihm das in seinen Augen seltsame Gebilde über den Rücken und Hals zu ziehen.
- Dabei lasse ich die Fahne auch einige Male mit dem typischen Geräusch kreisen.
- Für jede Kreisbewegung, die das Pferd akzeptiert, gibt es dann eine „flaggenfreie" Pause direkt im Anschluss mit viel Rückenkratzen und einem Leckerli!

Starlight ist noch nicht ganz bei der Sache, …

… doch das Schubbern am Rücken gefällt ihm doch recht gut.

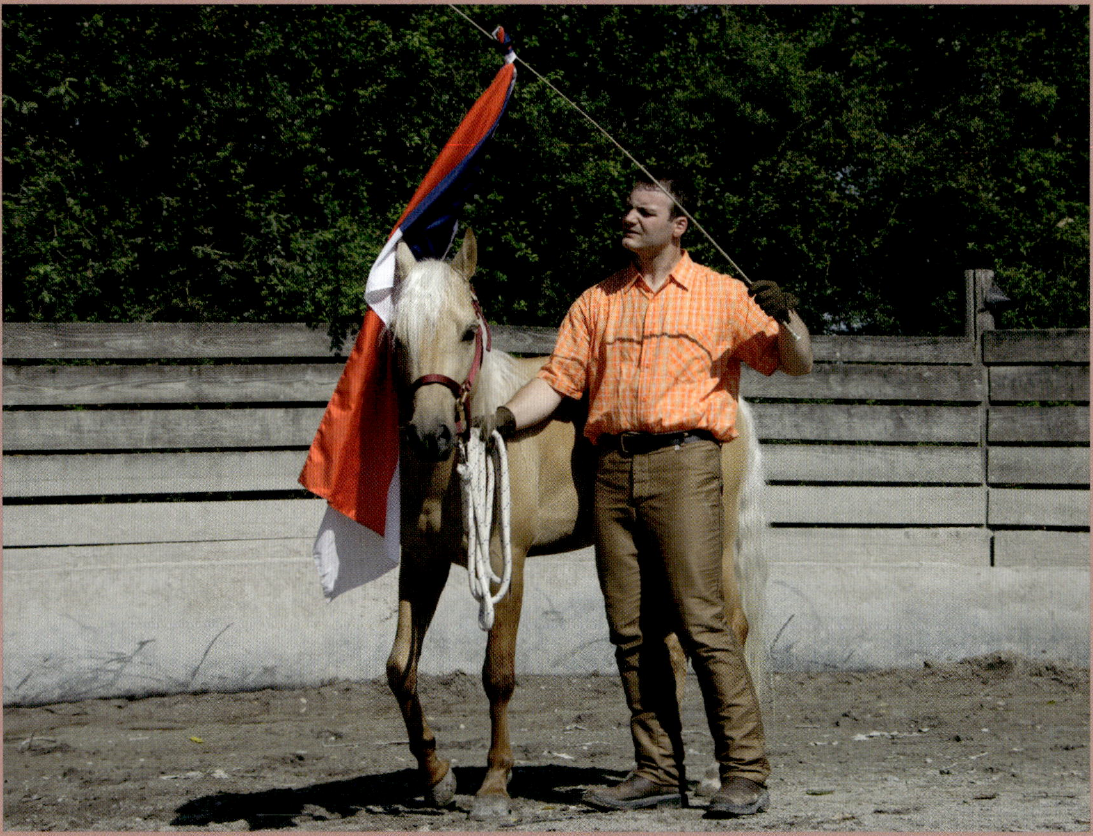

Etwas unsicher, aber dennoch vertrauensvoll lässt er sich die Flagge auch über den Kopf ziehen.

In der dritten Trainingseinheit befestige ich die Fahne dann „richtig" an einem Stock, rolle sie wieder auf und arbeite mich am Pferd bis zur komplett ausgerollten Fahne voran. Dann lasse ich die Fahne deutlich, aber langsam vor, neben und über dem Pferd kreisen. Für jede Kreisbewegung gibt es, wenn das Pferd ruhig bleibt, Lob und eine Leckerei.

Ab der vierten Trainingseinheit erhöhe ich sowohl das Tempo der Kreisbewegungen als auch deren Anzahl. Erst wenn das Pferd sich durch nichts mehr im Round Pen aus der Ruhe bringen lässt, nehme ich die Fahne mit auf den Reitplatz und wiederhole dort die Übungen.

Wenn es auch jetzt an der Hand gut klappt, kann man es zusammen mit einem Helfer in aller Ruhe auch mal vom Sattel aus versuchen.

Alles Gute kommt von oben?

Die meisten Pferde haben eine panische Angst davor, wenn etwas dicht über ihren Kopf hinwegzischt oder sie unter etwas hindurchgehen müssen. Auch dies kann aus dem evolutionsbedingten Verhaltensmuster der Pferde leicht erklärt werden: Wer sich in der Natur verschätzt, ob er irgendwo durchkommt, und dann doch stecken bleibt – nun, der hat Pech gehabt! Also meiden Pferde Engpässe und niedrige Durchgänge, so gut es geht. Aber die „Angst von oben" kommt auch vom Verhalten mancher großer Raubtiere. Viele große Raubkatzen springen ihrem Opfer mit Vorliebe auf den Rücken und bringen es dann mit einem Nackenbiss zu Fall – nicht zufällig spricht man von der Angst, die einem „im Nacken sitzt".

Zwar gibt es in unseren Breiten seit der letzten Eiszeit keine Großraubkatzen mehr – aber wie gesagt, was sind schon ein paar Jahrtausende in der Evolution? Heutzutage werden Pferde regelmäßig mit dieser Urangst konfrontiert: Seien es viel zu niedrige Stallungen, Hallen oder – am häufigsten – Pferdeanhänger. Mit den im Folgenden beschriebenen Übungen können Sie Ihrem Pferd seine Angst ein gutes Stück weit nehmen und es nebenbei auch noch auf das Verladen vorbereiten.

Das „Schreckgespenst" vieler Pferde ist der Flattervorhang. Werden sie jedoch von klein auf in Ruhe an solche vermeintlichen „Monster" gewöhnt, nehmen sie alsbald auch Fremdes viel gelassener hin.

Zuerst wird der Flattervorhang mit zwei losen Knoten zweigeteilt, sodass ein Korridor entsteht.

Nach und nach können einzelne Bänder und dann auch eine ganze Vorhangseite gelöst werden.

Gute Vorbereitung an der Hand kann sich beim Reiten auszahlen.

Flattervorhang

Einen Flattervorhang in einem Round Pen fest zu installieren ist keine allzu gute Idee, da er bei der „normalen" Arbeit mehr stört als nützt. Allerdings sind die meisten einfachen Round Pens so gebaut, dass es einem Helfer möglich ist, außerhalb des Round Pens zu stehen und einen Flattervorhang mit der Bambusstange hineinzuhalten. So ist der Helfer aus dem „Schussfeld" und man kann sogar die Höhe des Flattervorhangs problemlos variieren.

- Arbeiten Sie mit Ihrem Pferd ganz in Ruhe wie gewohnt 10 bis 15 Minuten im Round Pen und bitten Sie es dann zu sich in die Mitte.
- Ihr Helfer lässt nun am Rande des Round Pen den Flattervorhang herein. Bei diesem sind die Flatterbänder zu zwei „Vorhängen" zusammengebunden, sodass in der Mitte ein breiter Durchgang entsteht.

- Halftern Sie Ihr Pferd auf, haken Sie den Bodenarbeitsstrick ein und gehen Sie nun mit ihm zum Flattervorhang.
- Gehen Sie durch den Vorhang hindurch und stellen sich dann so hin, dass der Flattervorhang zwischen Ihnen und Ihrem Pferd ist.
- Beißen Sie genüsslich von einer Karotte oder einem Apfel ab und bieten Sie Ihrem Pferd dann den Rest an. Sie werden staunen, wie lang so ein Pferdehals werden kann.
- Verstauen Sie den Leckerbissen kurz, nehmen Sie Ihre Gerte zur Hand und bitten Sie das Pferd mit dem Schrittchenspiel einen Schritt nach vorn.
- Kommt es Ihrer Aufforderung nach, loben Sie es.
- Ist das Pferd nun schon mit dem Kopf zwischen den beiden Vorhängen, geben Sie ihm das Leckerli, schicken Sie es dann wieder rückwärts hinaus und beenden die Übung für heute.

In der zweiten Trainingseinheit bitten Sie Ihr Pferd dann mit dem Schrittchenspiel darum, komplett zwischen den Vorhängen hindurchzugehen.

In jeder weiteren Trainingseinheit (maximal zwei pro Woche und maximal 15 Minuten) werden aus den beiden „Vorhängen" immer mehr einzelne Flatterbänder herausgezogen, dann eine und schließlich beide Vorhangseiten gelöst, unter denen das Pferd dann Schritt für Schritt und später ganz normal in der Führposition der Westernreiter hindurchgeht.

Sobald das Pferd im Round Pen völlig gelassen aus beiden Richtungen unter dem Flattervorhang hindurchgeht, kann dieser an einem festen Platz auf dem Reitplatz oder im Naturtrail montiert werden und das weitere Training wird dann dort fortgesetzt.

Keine Angst vor großen Tüchern

Für diese Übung benötigen Sie entweder ein großes ausgedientes Laken (mindestens 2 mal 2 Meter) oder, noch besser, ein sogenanntes „Schwungtuch" mit circa 3 Metern Durchmesser. Gerade zu Beginn kann man aber auch ein deutlich kleineres Tuch zum Üben nehmen.

- Falten Sie das Tuch der Länge nach zusammen und legen Sie es dem Pferd mittig auf den Rücken.
- Dann beginnen Sie damit, das Tuch Stück für Stück wieder aufzufalten, wobei Sie es zuerst nach hinten in Richtung Pferdekruppe abrollen.
- Hängt das Tuch dann über die Kruppe des Pferdes hinaus, loben Sie es und machen eine kleine Pause, in der Sie das Pferd auch mit dem einen oder anderen Leckerli verwöhnen können.
- Jetzt falten Sie das Tuch auch in Richtung Hals auf, bis es etwa hinter den Ohren des Pferdes zu liegen kommt. Bevor gleich der kritische Teil folgt, ist

Ingo macht Starlight mit dem kleinen Schwungtuch vertraut.

Völlig gelassen lässt Starlight es sich über den Kopf …

… und sogar komplett über die Augen ziehen.

jetzt auf jeden Fall noch einmal eine Belohnungspause angesagt.

➤ Nachdem sich das Pferd an das Tuch gewöhnt hat, können Sie einen kleinen Zipfel zwischen seinen Ohren nach vorn auf die Stirn ziehen. Pferde mögen es gar nicht, wenn etwas über ihrem Kopf ist, da sie dieses Etwas ja nicht sehen können. Loben Sie Ihr Pferd also ausgiebig, wenn es stehen bleibt.

Im Laufe des Trainings können Sie das Tuch dann auch ganz über den Kopf des Pferdes ziehen. Da hierbei aber der Flucht-reflex ausgelöst werden kann, ist äußerste Vorsicht geboten.

Auf kleinen ungenutzten Flächen lässt sich mit etwas Kreativität und Engagement ein Natur-trail aufbauen, der sich bei Pferden und Menschen garantiert großer Beliebtheit erfreuen wird.

Eine weitere Variante bei der Arbeit mit dem Schwungtuch besteht darin, es mit einer Reihe von Helfern hochzuschwingen und mit dem Pferd darunter hindurchzulaufen. Auch hier beginnt man zunächst mit dem zusammengefalteten Tuch, das man dann Stück für Stück größer macht. Ziel dieses Trainings kann sein, dass man mit dem Pferd unter dem Schwungtuch durchgeht, anhält und das Tuch Pferd und Mensch für einige Sekunden komplett einhüllt, ehe es wieder nach oben geschwungen wird und Pferd und Mensch weitergehen.

Der Naturtrail

Sinn und Zweck jeglicher Bodenarbeit sollte es sein, das Pferd auf seine Arbeit als Reit- oder Fahrpferd vorzubereiten und zu einem zuverlässigen Partner im Gelände zu machen. Leider gibt es viele Bodenarbeitssysteme, die dieses Ziel völlig aus den Augen verloren haben. Da wird stundenlang mit den Pferden auf dem Platz „gespielt", „gejoint" und „geredet" und allzu oft wird dabei vergessen, weshalb man mit dem Bodentraining eigentlich begonnen hat.

Denn was nützt es, alle Übungen auf dem Platz zu beherrschen, wenn das Pferd im Gelände beim Ausritt immer noch vor dem kleinsten Spatz erschrickt? Um das Pferd aber nicht gleich „ins kalte Wasser zu werfen", kann man sich in direkter Nähe des Stalls – vielleicht auf einem eingezäunten Areal, das sich nicht als Weide eignet – einen kleinen Naturtrail anlegen.

So einen Naturtrail anzulegen kann jede Menge Zeit und Geld kosten – muss es aber nicht! Oft finden sich an jedem Stall Materialien, aus denen man noch etwas Schönes und Praktisches basteln kann. Lediglich etwas Einsatzeifer aller Einsteller ist hierbei gefragt und das gemeinsame Anlegen eines Naturtrails kann die Stallgemeinschaft auch stärken.

Einen Erdwall aufzuschütten ist mit etwas Arbeit verbunden und man wird nicht umhinkommen, hierfür einen Bagger zu mieten – es sei denn, der Stallbetreiber besitzt einen entsprechenden Aufsatz für den Traktor.

Dann schüttet man eine ordentliche Ladung Erde zu einem Wall auf, den man dann noch verdichten muss. Damit die ganze Sache dauerhaft hält, sollte man den Hügel mit wurzelstarken Gräsern und kleinen Büschen bepflanzen und ein Jahr bis zur ersten Nutzung warten, damit das Wurzelwerk den Hügel weiter gefestigt hat.

Wer auch noch Treppenstufen auf einer Seite des Hügels einbaut, kann auch diese Lektion gleich noch üben – und ein schmucker Flattervorhang auf dem „Gipfel" macht sich auch gut.

Ein Wasserdurchgang oder Tretbecken ist schon wesentlich aufwendiger anzulegen. Man kann dafür aber gleich das Loch nutzen, das man zum Erstellen des Erdwalls ausgehoben hat. Es ist jedoch sehr darauf zu achten, dass Ein- und Ausstieg sehr flach sind und das Wasser maximal einen Meter tief ist, damit auch kleinere Pferde und Ponys das Hindernis problemlos nutzen können. Am besten betoniert man die Senke komplett aus, wobei man die ganze Fläche mit Anti-Rutsch-Rillen durchziehen sollte, damit die Pferde später auch etwas Halt haben.

Fließendes Wasser wird sich in solch einem Tretbecken wohl nur an den wenigsten Ställen verwirklichen lassen. Deshalb sollte das Wasser zumindest einmal pro Jahr komplett ausgetauscht und dabei das Tretbecken gründlich gereinigt werden.

Wer einen Naturtrail anlegen will, sollte sich über baurechtliche Bedingungen genau informieren und gegebenenfalls bestimmte Maßnahmen offiziell beantragen und genehmigen lassen.

Eine Brücke über das Tretbecken sieht nicht nur nett aus, sondern ist auch sehr nützlich: Pferde, die die Lektion des Schickens beherrschen, können so von der Brücke aus durchs Wasser geführt werden. Mit dem Bau einer stabilen Brücke über das Tretbecken und einer Trainingsbrücke, die an einer anderen Stelle im Naturtrail platziert wird, sollte man auf jeden Fall einen handwerklich begabten Einsteller betrauen und auch nur entsprechend stabiles Material verwenden.

Übungen am Hang

Pferde klettern gern – wenn sie es erst einmal gelernt haben. Wenn Sie mit Ihrem

Sowohl beim Hinauf- als auch beim Herunter- klettern muss das Pferd lernen, den Hügel Schritt für Schritt zu bewältigen und nicht loszurennen.

Pferd das erste Mal den Erdwall erklimmen, achten Sie darauf, dass es diesen wirklich Schritt für Schritt bewältigt und nicht
einfach hinaufrennt! Zum einen muss es
lernen, auf Sie zu warten – und zum anderen wird durch das langsame Erklimmen
die Muskulatur viel stärker trainiert als
durch das simple Hochstürmen.

Auch beim Hinunterklettern muss das
Pferd warten lernen und den Hang Stück
für Stück in leichter Schräglage meistern.

Treppensteigen

Das Treppensteigen fördert ungemein die
Koordination und Aufmerksamkeit des
Pferdes. Um gerade zu Beginn Verletzungen vorzubeugen, sollten Sie das Pferd unbedingt bandagieren oder Gamaschen anlegen.
Dann geht's im langsamen Tempo Schritt
für Schritt die großzügigen, breiten Stufen
hinauf und auf der anderen Seite des Han-
ges wieder normal hinunter. Erst wenn Ihr

Pferd nach etlichen Monaten Geländetrai-
ning absolut trittsicher ist, können Sie es
an der Hand auch langsam die Treppen
hinuntergehen lassen – ich selbst mache
dies mit meinen Pferden aufgrund der Ver-
letzungsgefahr allerdings nicht.

Durchs Wasser gehen

Hierbei werden Sie zu Beginn hohe Gum-
mistiefel brauchen, da Sie Ihrem Pferd
vorangehen müssen. Im Prinzip ist die Vor-
gehensweise die gleiche wie bei der Plastikplane – mit dem Unterschied, dass man
das Wasser nicht klein zusammenrollen
kann.

- Stellen Sie sich ins Wasser und bitten
  Sie Ihr Pferd mit dem Schrittchenspiel,
  einen Fuß hineinzustellen.
- Kommt es dieser Aufforderung nach,
  loben Sie es und warten Sie einen Mo-
  ment.

Etwas skeptisch betrachtet Shadow das Wasser, ...

... wagt sich mit viel gutem Zureden dann aber doch hinein.

🐎 Dann fordern Sie es mit dem Schritt-chenspiel auf, auch die drei anderen Beine hineinzustellen.

🐎 Sobald Ihr Pferd komplett im Wasser steht, belohnen Sie es mit einer safti-gen Möhre oder einem großen Apfel, ehe Sie es dann hinausführen.

Fortgeschrittene können das Pferd später auch durchs Wasser schicken und dabei trockenen Fußes nebenhergehen. Hierbei geht zu Beginn ein Helfer durchs Wasser voran, wobei er dann immer weniger Sig-nale gibt, bis das Pferd allein hindurchgeht.

Übungen an der Brücke

An der Übungsbrücke können Sie dem Pferd ebenfalls mit dem Schrittchenspiel beibringen, dieses Hindernis in Ruhe Schritt für Schritt zu bewältigen. Nachdem das Pferd einmal von beiden Seiten im Schritt-chenspiel die Brücke überquert hat (wobei man es in der Mitte kurz anhalten lässt und eine Leckerei gibt!), führt man es ganz nor-mal in beide Richtungen hinüber.

Fortgeschrittene können auch hier das „Schicken" üben, wobei zunächst wieder ein Helfer dem Pferd vorangeht und Sie derweil das Pferd mit einem zweiten langen Boden-strick von der Seite der Brücke aus dirigie-ren. Hierbei werden Ihre Signale immer deutlicher und die des Helfers immer de-zenter, bis dieser dann überflüssig wird.

Diese Übung ist nicht nur sinnvoll, um eine Brücke beim Ausritt gelassen bewäl-tigen zu können. Ein Reiter, der sein Pferd zu Hause in Ruhe an diesen engen Durch-gang mit dem klappernden Boden ge-wöhnt hat, ist dann klar im Vorteil. Des Weiteren ist eine Übungsbrücke auch für vorbereitendes Verladetraining enorm nützlich, da man dem Pferd hier beibringen kann, sich in eine enge Gasse schicken zu lassen. Gerade wer sein Pferd später oft allein verlädt, wird froh sein, wenn es willig und zügig die Rampe hinaufmarschiert.

Das ruhige Führen über die Übungsbrücke bereitet auch auf das Verladen hervorragend vor.

Übung für Fortgeschrittene: erst der Mensch über die Brücke und das Pferd durchs Wasser, …

… dann der Gerechtigkeit halber auch mal andersherum.

Schlusswort

In der Bodenarbeit kann man sich so schnell und so leicht verlieren, dass man das eigentliche Ziel dieses Trainings aus den Augen verliert: die Ausbildung des Pferdes zu einem zuverlässigen Reit- oder Fahrpferd.

Denken Sie immer daran: Bodenarbeit soll Pferd und Mensch Spaß machen!

Wie bereits erwähnt, preisen die großen Gurus ihr spezielles Bodenarbeitsprogramm oft als Allheilmittel an. So sollen Pferde plötzlich wieder springen können, nachdem man sie zwei Stunden im Round Pen herumscheuchte, und im Sattel geländesicher werden, wenn man mit einer Spezialgerte vor ihnen herumfuchtelt.

Die Bodenarbeit kann viel Gutes bewirken: Sie schafft Respekt und Vertrauen zwischen Pferd und Mensch. Das sind zwei immens wichtige Eigenschaften für eine gute und gefahrlose Zusammenarbeit, von der beide Partner später beim Reiten und Fahren profitieren.

Aber ein Allheilmittel ist die Bodenarbeit nicht! Denn auch wenn das Pferd die Piaffe an der Hand schon perfekt beherrscht, kann man sich nicht einfach frohen Mutes in den Sattel schwingen und erwarten, dass es jetzt auch gleich klappt. Am Boden kann man nahezu alle Lektionen beginnen, die man später im Sattel reiten will. Das Pferd kann ohne störendes Reitergewicht erst einmal sich selbst koordinieren, Muskeln aufbauen und sich in den neuen Bewegungsablauf hineinfühlen. Und je besser der Reiter ist, umso leichter wird dann die Transformation dieser Lektion in den Sattel sein.

Allerdings führt kein Weg daran vorbei: Man muss nach wie vor aufs Pferd, um ihm Lektionen vom Sattel aus beizubringen – und mögen noch so viele Bodenarbeits-Gurus etwas anderes versprechen, während sie zeitgleich eine teure Spezialausrüstung verkaufen und die Teilnahme an ihren Kursen zwingend verordnen.

Leider gibt es auch Methoden, bei denen Pferde mit stundenlangen Wiederholungen der gleichen Übung zur absoluten Perfektion oder totalen Unterwerfung gebracht werden sollen. Ich kann Ihnen dann nur raten: Schauen Sie den Pferden dabei in die Augen und hören Sie tief in sich hinein. Man muss kein lizenzierter Tiertelepath sein, um zu spüren, ob diese Pferde glücklich und zufrieden sind – der „gesunde Menschenverstand" ist völlig ausreichend. Auch ich hatte zu Beginn ganz immense Probleme mit Shadow. Und je mehr Gurumethoden ich an ihm ausprobierte, umso schlimmer wurde es. Erst als ich mich auf die einzige Regel im Umgang mit Pferden zurückbesann, die ich bereits im Alter von drei Jahren von meinem Opa erklärt bekommen hatte, lösten sich alle Probleme geradezu in Luft auf: „Wenn Du Gewalt brauchst, machst Du etwas falsch!"

Und damit ist nicht nur die körperliche, sondern vor allem auch die seelische Gewalt gemeint. Dies ist die einzige Regel, die es im Umgang und in der Ausbildung mit Pferden meiner Meinung nach zu beherzigen gilt. Denn:

„Willst Du fliegen ohne Flügel, musst Du siegen ohne Schwert."

So einfach ist das!

Der eigentliche Zweck der Bodenarbeit: gemeinsam Spaß haben, gemeinsam lernen und einander verstehen – und die Vorbereitung des Pferdes auf seine Aufgaben als Reit- oder Fahrpferd.

Anhang

Tipps zum Weiterlesen

Bücher von derselben Autorin

Reiten ohne Sattel und Zaumzeug
Schwarzenbek: Cadmos, 2006

Junges Pferd – was nun?
Schwarzenbek: Cadmos, 2007

Vom Round Pen zur Freiheitsdressur
Schwarzenbek: Cadmos, 2007

Harmonie – Pferd und Mensch
Stuttgart: Müller Rüschlikon, 2004

Weitere Literatur

Geitner, Michael: Be strict – Denken wie
ein Pferd. 2. Aufl. Stuttgart: Müller
Rüschlikon, 2001

Kaltwasser, Kiki: Das GHP-Arbeitsbuch.
Stuttgart: Müller Rüschlikon, 2005

Welz, Heinz: Pferdeflüstern kann jeder
lernen. Stuttgart: Kosmos, 2002

Richtlinien für Reiten und Fahren
Band 6: Longieren. 7. Aufl. Warendorf:
FN Verlag, 1999

Kontakt

Ambitionierten Freizeitreitern bieten wir
mit unserem Ausbildungssystem, dem
Pegasus System, in verschiedenen Kursen
die Möglichkeit, mit ihrem Pferd einen
spielerischen Weg zu einer vertrauensvollen Partnerschaft zu beschreiten. In verschiedenen Levelkursen lernen Sie zusammen mit Ihrem Pferd eine umfassende
Allroundausbildung in den Bereichen
Round Pen, klassische und Western-
Bodenarbeit, Anti-Schreck-Training, Spiel
und Spaß, Zirkuslektionen, Longieren,
Doppellonge, Langer Zügel und Reiten
ohne Sattel und Zaumzeug kennen. Dabei
wird in den Kursen nicht nach „Schema F"
gearbeitet, sondern individuell auf die
Bedürfnisse, Wünsche und Fähigkeiten
jedes Pferd-Mensch-Paares eingegangen.

Weitere Informationen:

Karin Tillisch
Auf der Golz 4
77887 Sasbachwalden
Telefon/Telefax: 07841 280519
www.pegasus-system.com
www.shadow-show-team.com

Vielen Dank

Auch dieses Buch wäre ohne die engagierte Mithilfe zahlreicher Pferde und Menschen nicht zustande gekommen. Deshalb ein herzliches Dankeschön an:

- Shadow, ohne den ich nicht da wäre, wo ich heute bin! Dieses Buch ist eigentlich sein Werk – ich habe es nur in Worte gefasst.
- Starlight, der mit viel Charme und Schabernack mein Herz im Sturm eroberte und mein Leben auf vielfältige Weise bereichert.
- Ingo Ehrmeier, ohne dessen engagierten Einsatz und seine stete Unterstützung es das Shadow Show Team und das Pegasus System gar nicht geben würde.

- Christiane Slawik, die wieder einmal mit viel Gefühl und schier endloser Energie die wundervollen Bilder für dieses Buch gemacht hat. (www.slawik.com)
- die Mocha Oak Ranch, die meinen Pferden eine wundervolle Heimat bietet, in der sie wirklich wie „Gott in Frankreich" leben. Hier ist der Großteil der Aufnahmen für dieses Buch entstanden. (www.mor-ranch.de)
- die Red Rock Ranch, wo ich meine beiden Pferde gekauft habe und man uns stets mit Rat und Tat zur Seite stand – so auch für viele Aufnahmen in diesem Buch. (www.redrockranch.de)

Und natürlich ein besonderes Dankeschön an alle vier- und zweibeinigen Models, die sich für dieses Buch mit viel Engagement zur Verfügung gestellt haben.